Susann Heineken

RFID-Technologie

Beschreibung, Analyse und zukünftige
Einsatzmöglichkeiten der Radio Frequency Identification

Susann Heineken

RFID-Technologie

Beschreibung, Analyse und zukünftige Einsatzmöglichkeiten der Radio Frequency Identification

www.salzwasserverlag.de

Heineken, Susann

RFID-Technologie
Beschreibung, Analyse und zukünftige
Einsatzmöglichkeiten der Radio Frequency Identification

1. Auflage 2008 | ISBN: 978-3-86741-143-1
© CT Salzwasser-Verlag GmbH & Co. KG, Bremen, 2008.
Alle Rechte vorbehalten.
Die Deutsche Bibliothek verzeichnet diesen Titel in der Deutschen Nationalbibliografie. Bibliografische Daten sind unter http://dnb.ddb.de abrufbar.

Inhaltsverzeichnis

0. Einleitung	1
1. Der Barcode	3
2. Grundlagen der RFID - Technologie	5
2.1. Frequenzen	5
2.2. Technologie	7
2.3. Funktionsweise	11
2.4. Anwendungsgebiete	13
3. Die Historie der RFID – Technologie	17
3.1. Die Entwicklung der RIFD - Technologie	17
3.2. Entwicklung der Kosten der RFID – Technologie	23
4. RFID – Nutzung in Vereinbarkeit mit dem Datenschutz	26
5. RFID heute	32
5.1. Der Rollout der METRO AG	32
5.1.1. Szenario „Wareneingang"	34
5.1.2. Szenario „Verräumung"	36
5.2. Der Rollout in der real,- SB-Warenhaus GmbH	37
5.3. Kostenanalyse des Marktes Ratingen	38
5.3.1. Erwartungshaltung hinsichtlich Kostenanalyse des Marktes Ratingen	38
5.3.2. Auswertung der KER – Ergebnisse des Marktes Ratingen	40
5.3.3. Möglichkeiten der Optimierung bei der RFID – Marktumstellung	43
6. Vorteile der RFID – Technologie	45
6.1. In der Logistik	46
6.1.1. Disposition	46
6.1.2. Transport	47
6.1.3. Wareneingang	48
6.1.4. Bestandsmanagement und Inventur	49
6.1.5. Zusammenfassung	50
6.2. Am Point – of – Sale	51
6.3. Aus Sicht des Kunden	52
6.3.1. Zukunftsszenario	53
7. Probleme der RFID – Technologie	57

8. Prognosen 61
9. Zusammenfassung 64
I Literaturverzeichnis 65

0. Einleitung

RFID (Radio Frequency Identification) gehört zu den automatischen Identifikationsverfahren (Auto – ID). Diese verbreiteten sich in den vergangenen Jahren zusehends: Dienstleistungsbereich, Handel, Beschaffungs- und Distributionslogistik sowie Produktionsbetriebe und Materialflusssysteme. Ziel und Aufgabe ist es, mit Hilfe der Auto – ID Informationen hinsichtlich Personen, Tieren, Gütern und Waren auf einfache Weise bereitzustellen.

RFID wird bereits in den unterschiedlichsten Lebensbereichen genutzt: beim Skifahren, im Krankenhaus, an Flughäfen und nun auch in der Handelslogistik. Diese Untersuchung wird sich vor allem mit dem zuletzt genannten Aspekt auseinandersetzen und diesbezüglich die wirtschaftlichen Vor- und Nachteile (Problemfelder), insbesondere in einem real,- SB-Warenhaus, aufzeigen und bewerten.

Experten bezeichnen die Radiofrequenz schon als Schlüsseltechnologie des 21. Jahrhunderts. Es ist keine völlig neue Errungenschaft in der Technologie. Die Historie wird im entsprechenden Kapitel näher erläutert. Begonnen wird mit der Erläuterung des Aufbaus und der Funktionsweise, um den Leser für den technischen Aspekt zu sensibilisieren und eine Grundlage für das Verstehen des wirtschaftlichen Abschnitts voraussetzen zu können. Die Nennung von Synergieeffekten[1] erfolgt, um die Tragweite der Technologie deutlich zu präsentieren, denn im Mittelpunkt der Betrachtungen steht die wirtschaftliche Abhandlung des Themas RFID.

Im Handel befindet sich diese Form von Artikelidentifikation noch in der Einführungsphase, sodass lediglich auf unzureichende praktische Erfahrungen[2] und die damit zusammenhängenden Werte und Zahlen zurückgegriffen werden kann. Dadurch bleibt eine Auswertung von endgültigen Ergebnissen in dieser Untersuchung unberücksichtigt. Als grundlegendes Zahlenmaterial dienen veröffentlichte Planzahlen, welche mit dem aktuellen Stand der Technik

---

[1] z.B. Self – Scanning Kassen etc. (Hard-, Software dieser weiterführenden Bestandteile außer Betracht)
[2] bezogen auf das Unternehmen real,- SB-Warenhaus GmbH

und den Ergebnissen dieser Untersuchung kritisch verglichen werden. Darüber hinaus wird mit einer Prognose abgeschlossen werden.

Als Ausgangspunkt dient der heute gebräuchliche Barcode, der für die zukünftigen Anforderungen im Handel nicht mehr ausreicht. Hier schließt die RFID – Technologie an.

1. Der Barcode

Der Barcode unterstützte sowohl offene als auch geschlossene Warenwirtschaftssysteme (WWS). Da die offenen Systeme im Folgenden keine Bedeutung mehr haben, bleibt ihre Betrachtung außer Acht.

Der Aufbau des Barcodes, wobei es sich um einen Strichcode handelt, setzt sich aus parallel angeordneten Strichen (engl. bars) und Trennlücken zusammen. Aus diesen zwei Komponenten wird der Binärcode begründet. Als typische und häufigste Form tritt der EAN – Code (European Article Number) auf. Dieser entspricht den Belangen des Lebensmittelhandels und staffelt sich in 12 Zahlen mit anschließender Prüfziffer. Davon abgeleitet existieren vielfältige betriebsspezifische Instore – EAN – Codes, wenn beispielsweise Sets aufgelöst werden oder der Preis gewichtsabhängig[3] ermittelt werden muss.

Die Inhalte des weit verbreiteten Barcodes beschränken sich auf Herstellerland, Herstellerbetrieb und Artikelbezeichnung:

Länder-kennung		Bundeseinheitliche Betriebsnummer bbn					Artikelnummer des Herstellers				Prüfziffer
4	0	0	9	4	1	8	1	3	2	9	1	0
BRD		GOLDHAND GmbH (Anschrift)					Klare Gemüsebrühe 12 x 0,5 l				

Bild 1: Gliederung des EAN – Codes[4]

---

[3] Obst, Gemüse, Fleisch, Käse, Wurst, Fisch, Salate (in der Bedienung)
[4] Quelle: Zentrale für Coorganisation – Gesellschaft zur Rationalisierung des Informationsaustausches zwischen Handel und Industrie mbH (CCG)

Die Ablesung der Barcode – Inhalte erfolgt über optische Laserabtastung, indem sich der Lichtstrahl unterschiedlich an den dunklen und hellen Stellen reflektiert. Jedoch ist die Lesbarkeit stark beeinflussbar von Schmutz und Nässe, da das Trägermaterial, die Verpackung, meist Pappe oder Folie, sehr anfällig für äußere Einflüsse ist. Darüber hinaus muss ein direkter Sichtkontakt hergestellt werden. Die Dauer des Lesevorgangs ist durch die manuelle Handhabung von Datenträger und ggf. Lesegerät im Vergleich zur RFID – Technologie eher langwierig und umständlich, zumal die Entfernung zwischen beiden Bestandteilen maximal 50 cm betragen darf, um einen Lesevorgang grundsätzlich zu ermöglichen. Zusätzlich ist die Manipulation in Form von Kopieren und Ändern erleichtert, da die Codes für jedermann ersichtlich sind. Die weitverbreiteten Barcodestreifen sind zwar im Vergleich zu den RFID – Tags[5] noch äußerst billig, jedoch können sie zum Einen nicht programmiert werden und zum Anderen reicht ihre Speicherfähigkeit für die Ansprüche der heutigen Zeit nicht mehr aus. Demnach wird die RFID – Technologie den heutigen Standard ergänzen oder sogar ersetzen.

---

[5] = Transponder

2. Grundlagen der RFID - Technologie

Bei den RFID - Systemen werden die Daten, ähnlich einer Chipkarte, auf einem elektronischen Datenträger, dem Transponder, gespeichert. Der Datenaustausch und die Energieversorgung erfolgen über magnetische und elektromagnetische Felder, sodass technische Verfahren aus Funk- und Radartechnik übernommen werden konnten. Demgemäss entstand die Bezeichnung Radio - Frequency - Identification - Identifikation über Radiowellen. Um jedoch ein Grundverständnis für diese Technologie zu bekommen, werden nun Grundlagen zur Funktionsweise vermittelt. Daraus resultierend begründen sich im Weiteren die Vor- und Nachteile, welche als Probleme aufgegriffen werden.

2.1. Frequenzen

Die Frequenz ist eine Schwingungs- oder Periodenzahl von Wellen je Sekunde[6]. Über diese Wellen werden Informationen mit Hilfe von Energie übertragen. Als grundlegenden Baustein ist die Kenntnis der Einteilung der Frequenzen notwendig, welche im Bild 2 aufgeschlüsselt ist:

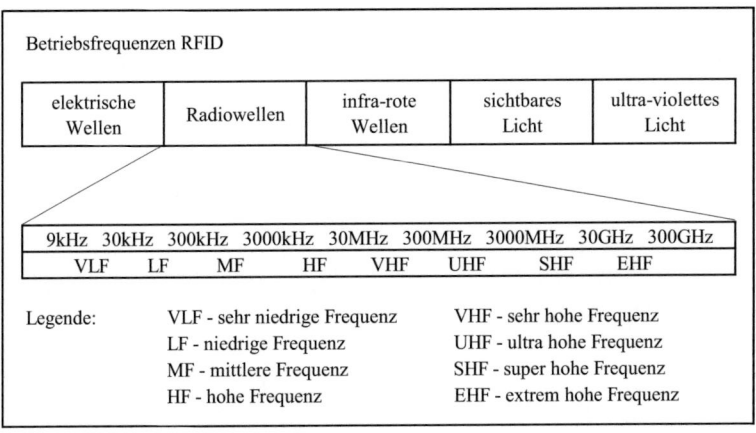

Bild 2: *Radiofrequenz als Betriebsfrequenz für RFID*[7]

---

[6] vgl. „Das Fremdwörterbuch" von DUDEN, Band 5, S. 765
[7] Quelle: vgl. Philips Semiconductors, S. 7

Aus dieser Darstellung wird ersichtlich, dass lediglich Radiowellen für die RFID – Technologie genutzt werden, vorzugsweise die LF, HF und UHF. Hierbei ist es jedoch wichtig, dass ein einheitlicher und vertretbarer Standard von den verschiedenen Forschungs- und Entwicklungsstellen (Philips, Craemer GmbH, Schreiner LogiData) gefunden wird, auf welche im folgenden Abschnitt noch eingegangen wird. Für diese Frequenzwahl sind Entscheidungskriterien zu beachten:

- mögliche RFID – Frequenzen (125 kHz; 13,56 MHz; 860-960 MHz (UHF); 2,45 GHz)
- physikalische und technische Eigenschaften (siehe Bild 3)
- zukünftige Anforderungen (Kompatibilität)
- benötigte Lesereichweite
- Verfügbarkeit mit Systemkomponenten (Lesegeräte, Warenwirtschaftssysteme, u.Ä.)

Die Tabelle im Bild 3 ergänzt die Aussage zu den physikalischen und technischen Eigenschaften, indem auf die Reichweite und die Reaktionsfähigkeit mit Wasser und Metall der potentiell möglichen o.g. Frequenzen dargestellt wird. Die Reaktion mit Wasser und Metallen ist deshalb Untersuchungsschwerpunkt, da die Reaktionen mit Getränken und Verpackungsmaterialien in Verbindung mit der RFID – Nutzung im Handel unvermeidlich sind. Dieser Umstand wird im Kapitel 7. Probleme der RFID - Technologie genau erörtert.

	Schreib- und Lesereichweite	Einfluss von Wasser	Einfluss von Metall
125 kHz	> 1 m	kein	leicht
13,56 MHz	> 1 m	kein	starke Absorption
UHF	3 m	leicht	starke Reflektion
2,45 GHz	< 0,3 m	stark	starke Reflektion

Bild 3: *passive Eigenschaften der RFID - Frequenzen*[89]

---

[8] Absorption: aufsaugen, in sich aufnehmen (Duden)
[9] Reflektion: zurückstrahlen, spiegeln (Duden)

Weitere frequenzunabhängige Parameter sind:
- Datenmenge: 16-64 kB,
- sehr hohe Datendichte des Transponders,
- gute Maschinenlesbarkeit,
- unmögliche Lesbarkeit durch Personen,
- kein Einfluss durch optische Abdeckung (z.B. Etiketten),
- kein Einfluss von Richtung und Lage des Transponders,
- keine Abnutzung, kein zeitlicher Verschleiß,
- momentan mittlere Anschaffungskosten und
- sehr schnelle Lesegeschwindigkeit.
- Frequenzen ermöglichen somit erst die RFID – Technologie, welche im Kapitel 2.2. erläutert wird.

2.2. Technologie

Für die Funktionsweise sind neben den Frequenzen weitere Bestandteile, auch Hardware genannt, notwendig. Die Abbildung 4 verdeutlicht den Datenfluss über diese Bestandteile:

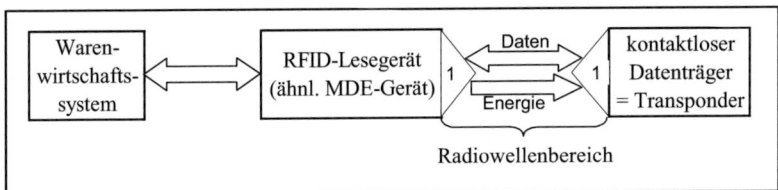

Bild 4: Grundbestandteile und Datenfluss der RFID – Technologie[10]

Es werden nun die einzelnen Komponenten in ihrem Aufbau und ihrer Funktionsweise erläutert, um für die RFID – Technologie und diese Untersuchung ein Basisverständnis zu vermitteln.

---

[10] Quelle: vgl. „RFID – Handbuch: Grundlagen und praktische Anwendungen induktiver Funkanlagen, Transponder und kontaktloser Chipkarten" von Klaus Finkenzeller, S. 32

Der Transponder ist, ersichtlich aus Bild 4, der kontaktlose Datenträger, welcher das Ende der Datenkette bildet. Er besteht aus einem Koppelelement und einem Mikrochip. Da keine eigene Energieversorgung, beispielsweise in Form einer Batterie, vorhanden ist, wird der Transponder lediglich erst dann aktiv, wenn die benötigte Energie in Form von Wellen (Frequenzen) innerhalb des Lesebereichs, auch Ansprechbereich genannt, vom Lesegerät gesendet wird. Man unterscheidet zwei prinzipielle Formen des Transponderaufbaus:

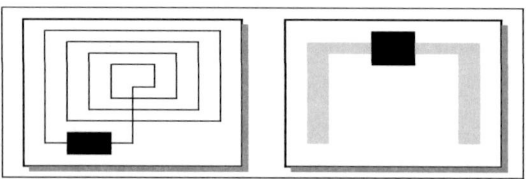

Bild 5: *prinzipieller Aufbau des Transponders*[11]

Die linke Illustration zeigt einen induktiv[12] gekoppelten Transponder mit Antennenspule. Die rechte Darstellung zeigt ein Mikrowellen - Transponder mit Dipolantenne. Dabei entsprechen die Antennen bzw. die Anntennenspule den benötigten Koppelelementen, die den Datenträger zum Lesegerät kompatibel gestalten. Das schwarze Viereck steht für den Mikrochip, welcher selbst im Aufbau noch einmal sehr vielfältig ist. Alles wird von einem Gehäuse umschlossen, das vor mechanischen Außenreizen schützt.

Dabei unterscheidet man unterschiedliche Bauformen bei Transpondern: die häufigste Form sind die sogenannten Disks (Münzen) mit einem Durchmesser von wenigen Millimetern bis hin zu 10 cm. Diese können sowohl rund als auch eckig sein. Mittig befindet sich eine Bohrung, welche eine Befestigungsschraube aufnehmen kann. Das Gehäuse besteht meist aus Spritzguss. Um aber den Temperaturbereich bei der Anwendung zu erweitern, sind auch

---

[11] Quelle: vgl. „RFID – Handbuch: Grundlagen und praktische Anwendungen induktiver Funkanlagen, Transponder und kontaktloser Chipkarten", Klaus Finkenzeller
[12] Induktion = Erzeugung elektrischer Ströme und Spannungen in elektrischen Leitern durch bewegte Magnetfelder

Polystyrol oder Epoxydharz möglich. Auch Glas ist als Gehäuse denkbar. Diese Glastransponder werden zur Identifizierung von Tieren genutzt[13].

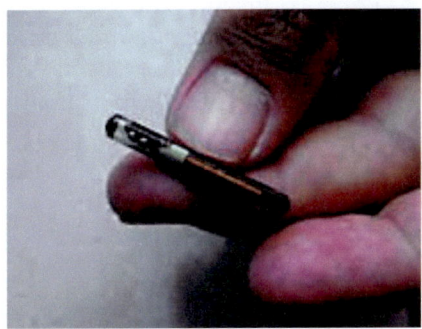

Glastransponder[14]

In den 12 bis 32 mm langen Röhrchen befinden sich der Chip, die Spule mit dem 0,03 mm dicken Draht sowie Weichkleber, um die Stabilität zu gewährleisten. Die gleichen Komponenten beinhalten auch Plastiktransponder. Das 3 mm dicke Gehäuse besteht, wie der Name schon sagt, aus Plastik. Damit ist dieser Datenträger belastbarer und für den Handel geeignet. Die gleiche Grundlage ist bei Smart Labels gegeben. Hierbei handelt es sich um eine papierdünne Transponderbauform. Die Spule wird durch Siebdruck oder Ätztechnik auf eine 0,1 mm starke Plastikfolie aufgebracht. Eine zusätzliche Papierschicht, mit welcher der Transponder laminiert wird, hält den Datenträger flexibel:

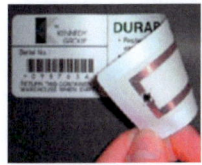 

Smart Label[15] *Benutzung auf einem Glas[16]*

---

[13] siehe Abschnitt 2.3. Anwendungsgebiete
[14] Quelle: www.innovations-report.de vom 12.05.2005
[15] Quelle: www.future-store.org vom 12.05.2005
[16] Quelle: www.sina-eetezadi.de vom 30.05.2005

Durch die Beschichtung mit Kleber handelt es sich um praktische Selbstklebelabel. Die bisher vorgestellten Bauformen basieren auf der hybriden Bauweise: Spule und Mikrochip sind getrennt voneinander auf dem Datenträger integriert. Anders bei den Coil – on – Chips: auf dem Siliziumchip wird gleich die Spule, welche als Antenne funktioniert, platziert. Die dadurch erreichte Miniaturisierung erreicht Werte bis zu einer Transpondergröße von 3 x 3 mm². Zur besseren Handhabung werden sie in Kunststoffkörper eingebettet.

Wenn man weiter im Datenfluss zurückgeht, steht als Nächstes das Lesegerät, genauer gesagt das Erfassungsgerät:

Reader (= Schreib – Lese – Gerät)[15]

Der Reader beinhaltet ein Hochfrequenzmodul, welches als Sender und Empfänger in Erscheinung tritt und die Frequenzen für die Daten- und Energieübertragung erst ermöglicht. Das Koppelelement gestaltet die fließenden Elemente wieder so um, dass diese zum Einen vom Erfassungsgerät und zum Anderen vom Datenträger aufgenommen bzw. gesendet werden können. Die Kontrolleinheit vervollständigt den typischen Aufbau des Lesegerätes. In ihrer Funktion ist sie der Prüfziffer beim EAN - Code[17] gleichzusetzen. Darüber hinaus können noch zusätzliche Schnittstellen eingebaut werden, um die Daten an andere Systeme, z.B. wie im Bild 4 angeführt einem WWS, weiterzuleiten, damit dort die entsprechende Be- und Auswertung der Daten erfolgen kann.

---

[17] vgl. Kapitel 1. Barcode

2.3. Funktionsweise

In diesem Kapitel wird das Zusammenwirken zwischen Transponder und einem Lesegerät beschrieben, wie es für den Handel bei der Realisierung der RFID – Technologie typisch sein wird. Demzufolge wird nur auf die Technologie Bezug genommen, welche auf der Radiofrequenz basiert[18]. Unberücksichtigt bleiben dabei die anderen Funktionsweisen, welche im Bild 6 übersichtlich eingeordnet sind:

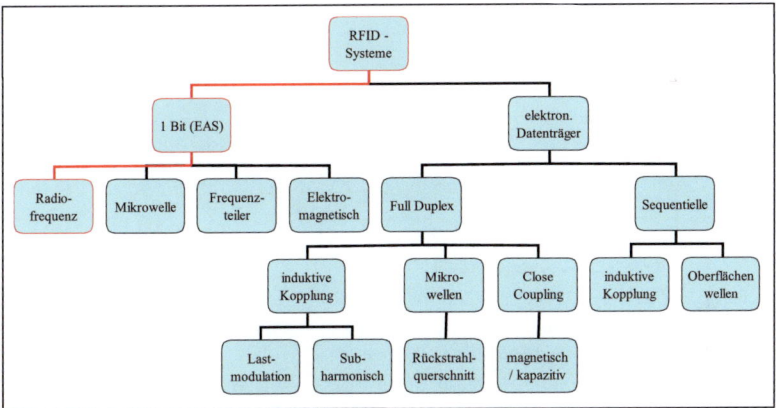

Bild 6: Funktionsweisen von RFID - Systemen[19]

Beim Radiofrequenz (RF) – Verfahren wird auf Schwingkreise zurückgegriffen, welche auf eine definierte Frequenz abgeglichen sind. Diese Frequenz wird Resonanzfrequenz f_R genannt. Zu Beginn benutzte man Induktivitäten aus gewickeltem Kupferdraht. Mit dem angelöteten Kondensator befindet sich alles im Kunststoffgehäuse (Hartetikett). Heute nutzt man überwiegend die oben beschriebenen Smart Labels, bei welchen der Chip aus Silizium hergestellt wird.

---

[18] siehe Kapitel 2.1. Frequenzen
[19] Quelle: vgl. „RFID – Handbuch: Grundlagen und praktische Anwendungen induktiver Funkanlagen, Transponder und kontaktloser Chipkarten", Klaus Finkenzeller

Nähert man einen Schwingkreis, das heißt einen Transponder, einem magnetischen Wechselfeld an, so kann darüber Energie eingekoppelt werden (Induktionsgesetz). Entspricht nun die Frequenz des Wechselfeldes f_G der Resonanzfrequenz f_R, so wird der Schwingkreis angeregt. Abhängig vom Abstand der beiden Spulen zueinander und von der Güte des angeregten Schwingkreises im Transponder (LF, HF oder UHF) wird dabei dem magnetischen Feld entsprechend viel Energie entzogen. Folgendes Bild veranschaulicht diesen Vorgang:

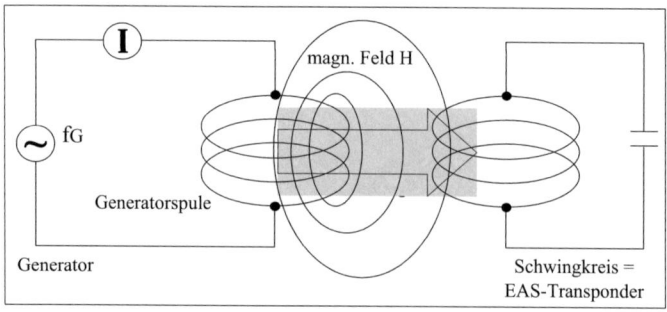

Bild 7: *Wirkungsweise der RFID – Technologie*[20]

Auf dem Tag, dem Herzstück der RFID – Technologie, wird eine Nummer gespeichert, welche, vergleichbar mit der EAN – Nummer[21] auf dem herkömmlichen Barcode, Informationen enthält: u.a. Herstellerdaten oder Produktinformationen (z.B. Mindesthaltbarkeitsdatum, Preis, Gewicht). Dieser elektronische Produktcode (EPC) kann mit Hilfe des RFID – Readers gelesen und ggf. neu beschrieben werden. Weitere Hintergründe zum EPC – Netzwerk sind in den Anlagen hinterlegt.

---

[20] Quelle: vgl. „RFID – Handbuch: Grundlagen und praktische Anwendungen induktiver Funkanlagen, Transponder und kontaktloser Chipkarten", Klaus Finkenzeller
[21] ist im EPC integriert

EPC - Netzwerk[22]

Praktischer Weise wird, vor allem im Handel für die Diebstahlsicherung, der 1 – Bit – Transponder genutzt. Ein Bit ist die kleinste Informationseinheit, welche lediglich zwei Zustände kennt: „1" für „Transponder im Ansprechbereich" und „0" für „kein Transponder im Ansprechbereich". Daraus ergeben sich drei Komponenten, die im Handel notwendig sind: die Antenne des Lesegerätes, das Sicherungsmittel (Etikett) sowie der Deaktivator zur Entschärfung nach dem Bezahlen. Meist ist dieser Zerstörungsvorgang irreversibel. Jedoch können bereits neuere Systeme über einen Aktivator das Sicherungsmittel wieder reaktivieren. Dabei verschlüsselt ein Passwort die Daten. Dem Kunden ist dieses auf dem Kassenbon ersichtlich, sodass er bei späterem Benötigen dieser nun unleserlichen Informationen, beispielsweise bei Reklamationen oder Garantiefällen, die Daten mit diesem Passwort und einem entsprechenden Gerät entsperren kann. Dafür sind jedoch wiederbeschreibbare und damit teurere Chips notwendig. Nachdem der Aufbau und die Wirkungsweise der RFID - Technologie erläutert worden ist, wird im folgenden Kapitel noch der Bezug auf die Anwendungsbereiche für RFID – Systeme genommen.

2.4. Anwendungsgebiete

Selbstverständlich gibt es neben der Warensicherung im Handel noch vielfältige Anwendungsbeispiele für die RFID – Technologie: so können Transponder auch in Chipkarten als Ticket im Nahverkehr integriert werden, oder als Schlüsselanhänger für Wegfahrsperren im Auto. Die Form des Schlüsselanhängers ist auch sehr beliebt bei Türschließsystemen mit besonders großen Sicherheitsanforderungen. Aber auch in Armbanduhren können diese Transpon-

---

[22] Quelle: www.innovations-report.de vom 22.05.2005

der als kontaktlose Zutrittsberechtigung eingebaut werden, so die Junghans Uhren GmbH in Schramberg.

Auf die Flexibilität der Smart Labels wurde bereits im Kapitel 2.1. Frequenzen eingegangen. Diese werden vor allem aufgrund ihrer Eigenschaft an Fluggepäck befestigt, zur Wiedererkennung und zur Logistik der Gepäckstücke. Darüber hinaus können durch die RFID – Transponder ebenso Werkzeuge und Glasflaschen identifiziert werden. Die bereits beschriebenen Glastransponder können wegen ihrer geringen Größe unter die Haut verpflanzt werden, sodass Tiere damit identifiziert werden können.

Die Bibliotheken[23] können mit Hilfe der RFID – Technologie ihre Tätigkeiten vereinfachen und rationalisieren, aber auch Paketdienste.

Transponder auf einem Paket[24]

So arbeiten DHL und die Italien Post bereits mit RFID. Sie nutzen die Möglichkeit, die Anzahl der verlorenen und fehlgeleiteten Pakete zu reduzieren, flexibler umzuleiten, den Durchsatz mittels weniger manuellem Handling zu erhöhen sowie die Durchlaufzeiten mit Hilfe der Pulk - Erkennung[25] zu minimieren. Auch entlang der Lieferkette, der sogenannten Supply Chain[26], werden solche Möglichkeiten bereits von bekannten Unternehmen, wie DELL, Toyota, Ford oder Sainsbury`s und METRO AG mit der real,- SB-Warenhauskette, genutzt. Durch die RFID – Labels ist ein Herkunftsnachweis möglich, sodass der Verkauf von Fälschungen und Kopien erschwert wird. Durch ein reduziertes Handling wird das

---

[23] z.B. Winterthur Bibliothek (Schweiz), National library board (Singapore), Manhattan Library (New York), siehe Anlagen
[24] Quelle: www.innovations-report.de vom 22.05.2005
[25] mehrere Artikel werden zeitgleich eingelesen bzw. erkannt
[26] Der Weg der Güter vom Hersteller bis zum Endkonsumenten

Scannen beim Kassiervorgang erleichtert. Mit der elektronischen Artikelsicherung, kurz EAS, wird der Schwund verringert.

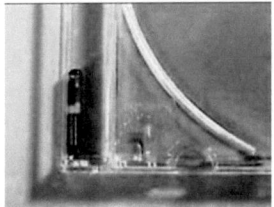

EAS bei einer CD-Hülle[27]

Die Produktverfolgung und die automatische Inventur sind einfacher zu realisieren. Den Vorteil der Produktsicherung macht sich auch die Pharmaindustrie zugute, um sich und v.a. die Verbraucher vor gefälschten Medikamenten zu schützen. Jedoch wird im Kapitel 6. Vorteile der RFID – Technologie noch umgehender und exakter auf die Vorteile, welche sich durch die RFID – Technologie begründen, eingegangen.

Der japanische Hersteller Hitachi arbeitet bereits an der Entwicklung eines enorm kleinen Chips: 0,4 x 0,4 Millimeter Fläche; das entspricht der Spitze eines Reiskorns. Diese Minivariante soll auf Geldscheinen zum Einsatz kommen, um die Verwendung von Geld sicherer zu gestalten und damit Falschgeld zu minimieren. Jedoch ist die Erfassung eines Koffers voller gechipter Banknoten trotz Pulk - Erkennung noch nicht möglich, da sich bei dieser Konzentration von Transpondern die schwachen Funksignale überlagern und somit zu Fehlern bei der Datenübertragung führen. Aber nicht nur Zahlungsmittel sollen so vor Fälschungen geschützt werden, sondern auch wichtige Dokumente: beispielsweise Ausweise, Geldkarten oder Verträge.

Auch für Wissenschaftler ermöglicht diese Technologie neue Wege: die Kontrolle vom Wachstum der Bäume (Universität Washington) oder das Wachstum von Bienen (Universität Würzburg). Die Technische Universität Chemnitz hingegen forscht nicht mit sondern für die Technologie: man entwickelt und verfeinert das

---

[27] Quelle: www.future-store.org vom 22.05.2005

Druckverfahren von Chip – Etiketten[28]. Weitere Anwendungsgebiete[29] sind:

Freizeit: Skipasskontrolle an Liftstationen, Karte als Hotelzimmerschlüssel, gechipte Schlüssel (Mitgliedsausweis, Spindschlüssel und Kreditkarte in einem) im Kölner Neptunbad

Öffentliche Einrichtungen: neben den bereits genannten Bibliotheken auch Krankenhäuser und Schulen (Chipnutzung vor allem um Zugangsberechtigungen zu kontrollieren), etikettierte Jetons in Spielcasinos (bereits in Las Vegas eingeführt)[30]

Haushalt: ein intelligenter Kühlschrank erkennt, wann welche Artikel nachgekauft werden müssen

Jedoch wird durch diese Auswahl an Beispielen ersichtlich, dass die Anwendung von ausbaufähigen RFID – Systemen sehr vielfältig ist und alle Bereiche des privaten Lebens und des Berufs beeinflussen kann. Demzufolge ist diese Technologie sehr zukunftsträchtig. Um jedoch das Potential in der Zukunft abschätzen zu können, wird nun die Geschichte der RFID – Technologie dargestellt.

---

[28] Grundlage: flüssig-polymere Kunststoffe, die im klassischen Offset-Tiefdruckverfahren bedruckt werden
[29] Quelle: vgl. www.innovations-report.de und www.future-store.org (vom 12.05.2005)
[30] Quelle: Handelsblatt, Nr. 85 vom 03.05.2005, S. 16

3. Die Historie der RFID – Technologie

Die Geschichte der RFID – Technologie kann von mehreren Seiten betrachtet werden. In dieser Untersuchung soll eine vollständige Nennung der Entwicklungsstationen aufgeführt werden und insbesondere wird mit der Kostenentwicklung je Tag abgeschlossen, da dies eine wichtige Grundlage ist, für Investitionsentscheidungen in den Handelsunternehmen.

3.1. Die Entwicklung der RIFD - Technologie[31]

Die Entwicklung der RFID – Technologie begann bereits im 2. Weltkrieg (1939 – 1945). Britische Armeen setzten einen Vorläufer dieser Technologie in ihren Kampfflugzeugen ein, welche nach demselben Muster[32] funktionierte. Jedoch waren die Transponder noch so groß wie ein Koffer, sodass lediglich an den Bodenstationen die Freund- und Feinderkennung möglich war. Weiterhin wurde die Technologie zu jener Zeit ebenso vom US – Verteidigungsministerium während der Konflikte im Irak und in Afghanistan eingesetzt, um alle Aktivitäten in der umkämpften Zone elektronisch zu erfassen.[33]

In den 60er – Jahren wurden dann die ersten kommerziellen Vorläufer der RFID – Technologie auf den Markt gebracht. Es handelte sich bereits hier um die erwähnten 1 – bit – Transponder[34], welche lediglich zur elektronischen Warensicherung (engl. Electronic Article Surveillance, EAS) genutzt wurden. Diese Systeme basierten auf Mikrowellentechnik oder Induktion (Magnetfelder). In den 70er – Jahren wurde die Technologie auch bei der Tiererkennung bei Viehbeständen eingesetzt. Aber auch neue Einsatzfelder, wie Automatisierung oder Straßenverkehr, wurden gesucht. In den 80er – Jahren wurde die Technologie vor allem durch die Entscheidung mehrerer amerikanischer Bundesstaaten sowie Norwegen, sie in Mautsystemen zu nutzen, gefördert. In den 90er – Jahren baute die USA ihr Mautsystem aufgrund der problemfreien Anwendung aus. Parallel entwickelte man auf RFID basierend Zugangs-

---

[31] siehe Anlagen: Zusammenfassung in Zeitstrahloptik
[32] vgl. Bild 4
[33] vgl. www.objektspektrum.de vom 10.05.2005
[34] siehe S. 10

kontrollen, bargeldlosen Zahlungsverkehr, Skipässe und Tankkarten.

Das Jahr 2000 brachte aufgrund der Massenproduktion einen starken Preisverfall[35] der RFID – Technik mit sich, da nun auch der Einsatz der Tags an Verbrauchsgegenständen ermöglicht wurde. Jedoch hatte die Entwicklung nun so schnell stattgefunden, dass keine industriellen Standards definiert wurden, um eine einheitliche Basis, vor allem im Handel, zu haben. Das bedeutet, dass der beschriebene Tag eines Herstellers bei dem Geschäftspartner nicht gelesen werden kann. Dieser Aufgabe nahmen sich das 1999 gegründete
Auto – ID – Center[36] und ISO (International Organization for Standardization) an. Sie schlugen eine globale Infrastruktur vor, welche es ermöglichen soll, jeden einzelnen Artikel allerorts und in Sekundenschnelle automatisch zu identifizieren. Dies entspräche einer weiteren Schicht oberhalb des Internets. ISO konnte bisher bereits 4 Frequenzbänder standardisieren:

125 kHz	-	Zugangskontrolle
134 kHz	-	Tieridentifikation
13,56 MHz	-	Logistik, zunehmend auch für Einzelprodukte
2,45 GHz	-	freies Frequenzband (evtl. für kommerzielle Zwecke)

Zudem sind die Frequenzen noch länderspezifisch. Dies machen Ex- und Importe noch weitestgehend problematisch. Der Logistikdienstleister Kühne + Nagel hat sich zusammen mit Siemens dieser Tatsache mit Hilfe eines transatlantischen Projekts bereits angenommen. Es wird die Praxistauglichkeit der Technologie zwischen München und New York getestet. Dabei kommen UHF – RFID – Tags zum Einsatz, welche sowohl auf die europäischen

---

[35] siehe Kapitel 3.2. Entwicklung der Kosten der RFID - Technologie
[36] Zusammenarbeit mit sechs weltweit renommierten Universitäten, u.a. Universität St. Gallen, und etwa hundert Unternehmen – später Unternehmensüberführung zu EPCglobal Inc.

(868 MHz) als auch auf die amerikanischen (915 MHz) Frequenzen ansprechen und dem EPC entsprechen.

Die weltweit größte Einzelhandelskette Wal – Mart verlangt bereits seit dem Sommer 2003 von einigen Lieferanten, die RFID – Technologie in ihre Logistiksysteme zu integrieren. Bis zum Januar 2005 wurden bereits 137 Lieferanten aufgenommen und damit liegt man voll im Zeitplan.

Am 08.07.2004 eröffnete das Fraunhofer Institut ein Test- und Entwicklungslabor, in welchem Wissenschaftler die Reaktion der RFID – Transponder auf Temperatur, Stöße, Vibration, elektromagnetische Einflüsse wie auch auf chemische Substanzen untersuchen. Die Firma PolyIC, ein Erlanger Start – up – Unternehmen, wie auch die Technische Universität Chemnitz entwickeln die Drucktechnik[37] zur Tagherstellung. Da momentan noch etwa 2 % der ausgelieferten Tags fehlerhaft sind und die genutzten Frequenzen durch Metalle und Flüssigkeiten abgeschwächt werden, würde ein Durchbruch diesbezüglich eine Optimierung der Ausbringungsmenge der Transponder bedeuten und gleichzeitig ein weiterer Schritt hinsichtlich Preissenkung durch Massenproduktion und höherem Sicherheitsstandard der gespeicherten Daten bedeuten. Jedoch sind unabhängig davon bereits Pilotprojekte und Testphasen in den Hersteller-[38] wie auch in den Handelsfirmen angelaufen. So untersucht beispielsweise der britische Händler Marks&Spencer den Einsatz von RFID – Tags am Einzelprodukt. Dabei handelt es sich um 200 000 Kleidungsstücke.

Im Rahmen der Handelsmesse NRF (New York – Retail – Foundation) Annual Convention and Expo im Januar diesen Jahres ereignete sich zwischen den drei führenden Handelsunternehmen[39] ein Schulterschluss, welcher eine Eigendynamik entwickeln wird. Dieser wird sich kaum jemand in der Branche entziehen können, so

---

[37] siehe S. 12
[38] Johnson & Johnson, Dr. Oetker
[39] Metro (BRD), Wal – Mart (USA), Tesco (Schweiz)

Ulrich Blessing, Boston Consulting Group. Speziell der Rollout[40] in der Metrotochter real,- SB-Warenhaus GmbH wird insbesondere im Kapitel 5. aufgegriffen. Dieser begann im November 2004 und stellt die erste Phase des Stufenplanes dar.[41] Im Januar begann in der Rewe – Gruppe ein RFID – Test für Bierkästen einer bestimmten Brauerei. Auch Tchibo hat in Zusammenarbeit mit der Beratungsgruppe Accenture eine Machbarkeitsstudie positiv abschließen können. Jedoch sei nach wie vor das grundlegende Problem der noch fehlende Standard. Trotz der technischen Schwierigkeiten werden momentan jährlich 30 Milliarden Paletten und Kisten etikettiert. Damit steigt der Wert des Marktes der RFID – Etiketten für Einzelartikel wie Gepäckstücke, Medikamente, Bücher, Tiere und Fahrkarten erheblich.

Die Kühltransporte werden von Markant und Migros, beides Handelsfirmen, ab dem 2. Halbjahr 2005 per RFID - Temperatursensor überwacht[42], um die lückenlose Kühlung der Tiefkühlprodukte (= TK – Produkte) im Sinne des HACCP[43] zu kontrollieren. Während den Lieferfahrten schreibt ein Sensor die Temperaturen mit und überträgt die Werte per RFID auf einen kleinen PC des Fahrers. Dieser Computer schlägt Alarm, falls die Tiefkühlkost auf ihrem Weg zu hohen Temperaturen ausgesetzt war. Parallel wird an der Oberflächentemperaturkurve verschiedener TK – Ware geforscht, um über die abgeleitete Kerntemperatur Wissen über mögliches Verderben zu erlangen. Nebenbei entsteht die Möglichkeit, die Touren- samt Mitarbeiterplanung effektiver zu gestalten. Weiterhin ist bereits die zweite Generation der RFID – Chips ausgereift[44], meldete die EPCglobal Inc.[45], ein Non – Profit – Unternehmen, welchem auch die METRO AG angehört. Jedoch ist die Lizenzgebührenerhebung seitens des Patentinhabers noch unklar, sodass dieser Entwicklungsstand noch auf sich warten lässt. Dieser weitere Meilenstein verbessert durch neue Funktionen nicht nur die Sicherheit sondern auch die Leistungsfähigkeit der Technologie. Damit wird es möglich sein innerhalb einer Sekunde bis zu 600 Eti-

---

[40] Damit bezeichnet man den Vertrieb der Waren von der Industrie (Produktion) hin zum Handel.
[41] siehe auch Kapitel 5. RFID heute
[42] vgl. „Lebensmittel Zeitung" vom 18.06.2004, S. 24
[43] Kontrollanalyse kritischer Kontrollpunkte
[44] vgl. „Lebensmittel Zeitung", 07.12.2004, S. 11 ff.
[45] siehe Anlagen

ketten zeitgleich lesen zu können. Die METRO Group plant damit die Phase 2 ihres RFID - Stufenplanes: die Nutzung der sogenannten „EPC Class1/Generation2" ab Ende 2005 zur Kennzeichnung von Paletten und Kartons. Hier ein genauer Überblick über die Entwicklungsstadien anhand der Klassifizierungen:

	Class0	Class1	Class1/Generation 2
Leserate	USA: 800 Tags/Sek. EU: nicht zulassungsfähig	USA: 200 Tags/Sek. EU: 50 Tags/Sek.	USA: 1700 Tags/Sek. EU: 600 Tags/Sek.
Speichertechnologie	liest nur	liest und beschreibt (nur einzeln möglich)	liest und beschreibt (mengenmäßig möglich)
entspr. Regulierungsvorschriften	nur USA	nur USA	weltweit

Bild 8: Überblick der EPC - Klassifizierungen[46]

Momentan sind Zwischenlösungen gefragt, welche sowohl die Anforderungen des Barcodes wie die der RFID - Technologie entsprechen. Dazu gehören beispielsweise die Hybrid – Scanner in Kassen- und Handheldform. Optimiert werden diese durch Bluetooth – Anbindungen[47] für bessere Kompatibilität. Auch für Wäge – Einrichtungen in den Verkaufsräumen wird die RFID - Technik genutzt: die darauf spezialisierte Firma Bizerba bietet Waagen an, welche den Verkäufer durch ein Armband mit integriertem Transponder erkennen, und sich lediglich von diesem bedienen lassen.[48] Auch hier wird den Hygieneverordnungen Rechnung getragen, da dieses Armband wasch- und desinfizierbar ist.

Auf der Homepage www.finanznachrichten.de werden überraschende Prognosen für den RFID – Markt aufgestellt: im Jahr 2008 sollen 6,8 Milliarden Etiketten für die Anwendung auf Einzelartikel verkauft werden sowie 15,3 Milliarden Stück für Kisten und Paletten. Damit steigen auch die Ausgaben für RFID – Abfrageeinrichtungen, z.B. kompatible Kassensysteme. Die Aussagen für 2010 um-

---

[46] Quelle: vgl. Philips Semiconductors/BLIdentification/MST T&L, Mlu 07.09.2004
[47] kontaktlose Datenübertragungsform, weniger leistungsfähig als RFID - Technologie
[48] nicht in allen Handelsunternehmen möglich (z.B. real,- SB-Warenhaus GmbH)

fassen die RFID – Verbreitung: 48% des Etikettenvolumens würden in Ostasien verkauft und 32% in Nordamerika, die beiden geografischen Vorreiter in der RFID – Technologie. Tendenziell sind aber schon heute folgende Entwicklungstrends zu beobachten: kleinere, leistungsfähigere und schnellere Chips, Kostenreduktion durch Massenproduktion, zusätzliche Funktionen sowie ISO- und EPC – Kompatibilität. Der normale Alltag hinsichtlich RFID – Technologie wird sich bei den großen Unternehmen in etwa zwei bis 3 Jahren eingestellt haben. Die kleinen und mittelständischen Firmen müssen bis dahin aktiv werden, um den Anschluss nicht zu verpassen. Eine gemeinsame Umfrage von Miebach Logistik und der „Lebensmittel Zeitung" ergab: knapp 70 % der Manager aus Industrie und Handel rechnen damit, dass ihr Unternehmen innerhalb der nächsten drei Jahre RFID einsetzen wird. Somit kann man 2007 bereits von einer Flächendeckung sprechen. Ein erster Schritt ist es, die Technologie in das Warenwirtschaftssystem einzufügen. SAP bietet diesbezüglich bereits Komplettlösungen an, inklusive Soft- und Hardware sowie Beratungsleistungen.

Zusammenfassend sind diese Entwicklungsstadien der RFID – Technologie nach Dr. Hans-Joachim Körber, Vorstandsvorsitzender der METRO AG so zu bewerten: „Ich bin mir sicher, dass innovative Technologien das tradierte Bild des Handels schon bald grundlegend verändert werden. RFID spielt dabei eine Schlüsselrolle. Es liegt im Interesse der gesamten Handelsbranche, der Lieferanten und nicht zuletzt unserer Kunden, dass sich die Radiofrequenz – Identifikation international am Markt durchsetzt." Auch Walter Leu, Logistik – Direktor des Schweizer Warenhaus – Filialisten Manor schließt sich dieser Meinung an: „RFID ist die größte Revolution seit der Selbstbedienung." Diese Aussagen zeigen den Umfang auf, welches die RFID – Technologie an Potential in der Zukunft aufweist, sodass die zukünftige Entwicklung nur vage vermutet werden kann. Wahrscheinlich ist es, dass unsere heutigen Erwartungen übertroffen werden, in Ausmaß und Zeit.

3.2. Entwicklung der Kosten der RFID – Technologie[49]

Die Kostenentwicklung wird separat aufgegriffen, da der endgültige Durchbruch der RFID – Technologie von ihr abhängt. Des Weiteren beziehen sich die Preisangaben lediglich auf passive Transponder, da erstens sie für den Handel am interessantesten für die Nutzung sind und zweitens um eine vergleichbare Basis herzustellen.

Bereits 2003 wagte IBM eine Prognose der Entwicklung der Stückpreise der Tags. Da damals das Mengenvolumen schwer abzuschätzen war, prognostizierte man neben der wahrscheinlichen Entwicklung auch eine optimistische bzw. eine konservative Schätzung[50]:

	optimistisch	*realistisch*	*konservativ*
2004	0,18 EUR	0,20 EUR	0,25 EUR
2005	0,13 EUR	0,15 EUR	0,20 EUR
2006	0,10 EUR	0,11 EUR	0,15 EUR
2007	0,08 EUR	0,08 EUR	0,10 EUR
2008	0,05 EUR	0,05 EUR	0,07 EUR
2009	0,03 EUR	0,04 EUR	0,05 EUR

Jedoch ist aus dem heutigen Entwicklungsstand, wie er in einem der folgenden Abschnitte geschildert wird, erkennbar, dass sogar die optimistischste Haltung übertroffen wurde. Jedoch wurde hier schon die Abhängigkeit zur Massenproduktion berücksichtigt.

---

[49] Quelle: „Lebensmittel Zeitung" vom 28.05.2004, S. 5 ff; 30.05.2004, S. 17 f; 23.07.2004, S. 5; 13.08.2004, S. 9 ff; 22.10.2004, S. 3, 7, 12, 14; 03.12.2004, S. 9 fff; 09.12.2004, S. 19 f

[50] Quelle: Pape, Michael (Bezugsquelle) „Erfolgreicher RFID – Fachkongress für die Partner der METRO Group", Dez. 2004

Das folgende Diagramm zeigt, wie stark die Stückkosten der Transponder von ihr abhängen:

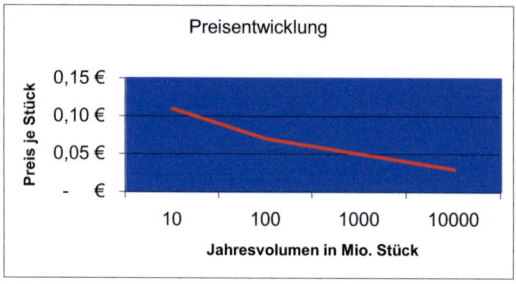

Bild 9: Preisentwicklung der Transponderetiketten

Man kann erkennen, dass der Preis mehr als halbiert werden kann, wenn sich die Produktions- bzw. die Verkaufsmenge verzehnfacht. Das langfristig angelegte Ziel ist es, bis 2008[51] einen Stückpreis von 1 Eurocent durch gesteigerte Nachfrage zu erwirken. Dies entspricht der magischen Schwelle zur Ablösung des Barcodes.

Die Entwicklung, welche der Preis bisher genommen hat, veranschaulicht diese Darstellung, welche auf Fakten und Angaben aus den Artikeln der „Lebensmittel Zeitung" basiert:

23.07.2004	etwa 1 Euro
13.08.2004	etwa 45 Cent
22.10.2004	etwa 11 Cent
03.12.2004	etwa 10 Cent

---

[51] Ebenso existieren Aussagen, dieses Ziel bereits bis 2006 zu realisieren.

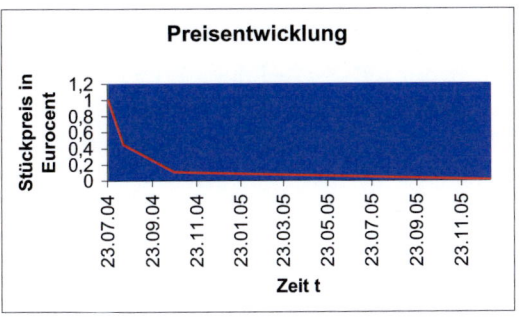

Bild 10: Kostenentwicklung der RFID – Datenträger je Stück (inkl. Prognose für Ende 2005)

Die obige Aufstellung, welche auf einen Jahresrückblick begrenzt ist, zeigt deutlich, dass sich die Kosten innerhalb weniger Monate stark reduziert haben. Jedoch gibt es in der Presse noch recht abweichende Aussagen über den Stückpreis, da dieser vom Hersteller und der Abnahmemenge beeinflusst wird. Und wie stark diese den Preis letztendlich verändern kann, zeigte bereits das Bild 9[52]. Das Diagramm zeigt zusätzlich die exponentiale Entwicklung der Kostenreduktion. Zu dem ist parallel eine Prognose für Ende 2005 gewagt. Zu dieser Zeit will der Handel den Stückpreis durch hohe Nachfragemengen auf 1 Cent gedrückt haben. Aufgrund der bisherigen Entwicklung ist diese Annahme durchaus realistisch.

Diese Transponderkosten umfassen etwa 70 % der Ausgaben für die RFID – Technologie. Die verbleibenden 30 % sind zusätzliche Kosten, welche für Schreib-Lese-Geräte, Antennen, Wäge – Technik, Umstellung der Kassen- und Warenwirtschaftssysteme sowie Mitarbeiterschulungen aufgebracht werden müssen.

Alles in allem ist die Neuerung RFID für den Handel eine kostspielige Angelegenheit, vor allem in der Einführungs- und Umstellungsphase, welche mehrere Jahre in der Branche umfassen wird. Jedoch sind die Einsparungen dem entgegenzusetzen. Dies wird im Kapitel 5. RFID heute noch einmal aufgegriffen, um abschließend eine wertende Aussage über die RFID – Einführung im Handel treffen zu können.

---

[52] siehe S. 18

4. RFID – Nutzung in Vereinbarkeit mit dem Datenschutz

Die Nutzung der RFID – Technologie ist mit der Erfassung persönlicher und damit sensibler Kundendaten an der Schnittstelle Handel verbunden, obgleich reichliche Einsparpotentiale in der vorangelagerten Wertschöpfungskette liegen. Über den Warenkonsum werden die Endkonsumenten mit dieser Tatsache zum ersten Mal konfrontiert. Das eigentliche Problem ist also nicht der industrieinterne Einsatz, sondern die gesellschaftliche Akzeptanz der Anwendungen im Endkundenbereich. So ergab eine Befragung[53] des Marktforschungsinstitutes Capgemini von über 2000 Konsumenten in Deutschland, Großbritannien, Frankreich und Holland, dass mehr als die Hälfte (55%) gegenüber der RFID – Technologie Bedenken bzw. Sorgen haben. Dadurch wird vor allem hier das Interesse der Datenschützer geweckt, welche RFID als Gefahr für die Privatsphäre ansehen und damit die Entwicklung erheblich beeinträchtigen. Wahrgenommene Ängste[54] umfassen dabei ein weites Spektrum:

Erfassen von Besitz (Angst besteht vor dem unbemerkten und ungewollten Auslesen des persönlichen Besitzes durch Dritte.)

Tracking von Personen (Die Möglichkeit, dass Lesegeräte auf die Objekte von Menschen unbemerkt zugreifen und auf diese Weise pseudonyme oder identifizierte Bewegungsprofile entstehen, sowie Aufenthaltsorte von Personen kurz- und langfristig nachvollzogen werden können.)

Erheben sozialer Netzwerke (Diese Furcht bezieht sich auf das automatische Erheben sozialer Beziehungen durch fremde Instanzen.) unkontrollierbarer Technologie – Paternalismus[55] (Die Möglichkeit, durch die Objekt – Erkennung der Technologie selbst kleinste Fehltritte systematisch und automatisch zu sanktionieren. So könnte die Papiertonne erkennen, dass fälschlicherweise die Batterie in ihr landet, ein Medikamentenschrank, dass das Medikament vergessen wurde, etc. Jedes Mal kommt es zu einem Warnsignal,

---

[53] Quelle: www.vnunet.de/netzwerk/article vom 22.05.2005
[54] RFID – bezogene Ängste in der öffentlichen Wahrnehmung; Quelle: Technische Analyse RFID – bezogener Angstszenarien vom Institut für Wirtschaftsinformatik, Humboldt - Universität
[55] das Bestreben, andere zu bevormunden

welches dem Menschen sein Fehlverhalten vorhält, ihn öffentlich abstraft.)

langfristige, objektbezogene Verantwortlichkeit (Die Angst vor einer eins – zu – eins Zuordnung von Personen zu ihren Objekten, die mit einem potentiellen Verantwortlich – Machen für den Missbrauch oder Verbleib von Objekten einhergeht, beispielsweise, dass ein lange verkauftes oder verschenktes Objekt plötzlich in einen Straffall verwickelt ist und man nachweisen muss, dass man selbst nicht der Missetäter war.)

Jedoch sind dies extreme Szenarien, welche in ihrer Realität fragwürdig sind, da sie die Zustimmungen der jeweiligen Personen, von welchen Daten genutzt werden, nicht voraussetzen. Problematisch ist die latente Gefahr des Verlustes der informationellen Selbstbestimmung einer Person durch die „versteckten" Sender. Jedoch gibt das Bundesdatenschutzgesetz (BDSG) klare Handlungszwänge den Unternehmen für die Nutzung personenbezogener (pb) Daten vor. Deshalb werden an dieser Stelle die Aussagen in diesem Gesetz hinzugezogen:

Zulässigkeit der Datenerhebung, -verarbeitung und –nutzung nach § 4 Abs. 1 BDSG:

„Die Erhebung, Verarbeitung und Nutzung pb Daten sind nur zulässig, soweit das BDSG oder eine andere Rechtsvorschrift diese erlaubt oder anordnet oder der Betroffene einwilligt."

Unterrichtung des Betroffenen nach § 4 Abs. 3 BDSG bei der Erhebung seiner Daten:

„Der Betroffene ist über die Identität der verantwortlichen Stelle, die Zweckbestimmung der Erhebung, Verarbeitung und Nutzung und die Kategorien der Empfänger der pb Daten zu unterrichten (...)."

Einwilligung des Betroffenen nach § 4a BDSG:

Für die Datenverarbeitung ist eine Einwilligung des Betroffenen unabdingbar.

Zugriffskontrolle, Weitergabekontrolle und Verfügbarkeitskontrolle nach § 9 BDSG:

Bei Tags, auf denen pb Daten verarbeitet werden können, sind zusätzlich die entsprechenden technischen und organisatorischen Maßnahmen zu beachten.

Datenvermeidung und Datensparsamkeit nach § 3a BDSG:

Gestaltung und Auswahl von Datenverarbeitungssystemen haben sich an dem Ziel auszurichten, keine oder so wenig wie möglich pb Daten zu erheben, zu verarbeiten und zu nutzen.

Diese umfassenden Vorschriften machen die o.g. Szenarien unmöglich oder zumindest strafbar, da nie die Zustimmung der Betroffenen eingeholt wurde. Darüber hinaus ist der Datenschutz erst dann betroffen, wenn der RFID – Tag personenbeziehbare oder pb Daten enthält.

Personenbeziehbare Daten betreffen lediglich die noch am häufigsten verwendeten passiven RFID – Tags: die per Funkübertragung ausgelesene, standardisierte Nummer wird mit pb Daten im Hintergrundsystem[56] verknüpft. Es entsteht ein Datensatz mit pb Daten. Dieser Bezug kann durch die Verwendung von Kundenkarten, bargeldloser Bezahlung oder sonstigen personenbezogenem Ausweisen oder durch die Verknüpfung von Bewegungsdaten mit den Kundenstammsätzen entstehen. Bei aktiven Tags werden selbst pb Daten gespeichert, wobei eine Verarbeitung ohne Hintergrundsystem möglich ist. Deshalb findet hier zusätzlich § 6c BDSG Anwendung:

Automatisierte Verarbeitung nach § 6c BDSG:

Weitergehende Informationspflichten (mehr Transparenz) entstehen schon bei der Aushändigung der Tags. Kommunikationsvorgänge, die auf dem Medium eine Datenverarbeitung auslösen, müssen für den Betroffenen eindeutig erkennbar sein. Diese Reglungen sind v.a. bei den mobilen Tags (§ 3 Abs. 10 BDSG) zu beachten.

---

[56] z.B. das Warenwirtschaftssystem der jeweiligen Handelsfirma

Demnach sind, unabhängig von einer flächendeckenden RFID – Einführung, bereits heute unzulässig:

Verarbeitung von pb oder personenbeziehbare Daten ohne Rechtsgrundlage, verdeckt erhobene Daten, Zweckänderung ohne Wissen oder Einwilligung des Betroffenen, Übermittlung der erhobenen pb Daten an Dritte zur beliebigen pb Auswertung, Zusammenführung mit anderen pb Daten zur Profilierung.

Somit gibt es keinen unmittelbaren, regulativen Handlungsbedarf, welcher auf die RFID – Nutzung zurückzuführen wäre und spezielle Regelungen, die über das BDSG hinausgehen, sind für Deutschland unnötig. In den USA ist von der demokratischen Politikerin Debra Bowen ein Gesetzesvorschlag für die Verwendung der RFID vorgelegt worden. Hier spricht man bereits vom ersten Datenschutzgesetz dieser Art in den Vereinigten Staaten. Eine Reglementierung ist hier noch dringend notwendig. Werden demnach pb oder personenbeziehbare Daten mittels RFID erhoben, verarbeitet oder genutzt, ist für den jeweiligen Einsatzzweck vor der Verwendung des RFID – Tags unbedingt zu klären, ob besondere Risiken für die Rechte und Freiheiten des Betroffenen damit verbunden sind und welche Rechtsgrundlage diese erlaubt. Dies entspricht der Aufgabe des Datenschutzbeauftragten[57] in den Unternehmen.

Die rechtliche Absicherung der betroffenen Kunden über das BDSG ist somit umfassend gewährleistet. Jedoch brauchen die Konsumenten darüber hinaus noch praktische Sicherheiten, welche sie erleben oder sogar selbst beeinflussen können. Solche Maßnahmen sind auch schon konkret von Industrie und Handel entwickelt: Zerstören der Transponder nach dem Bezahlen der Ware an der Kasse[58], eigene Schreib- und Lesegeräte (Einsicht der gespeicherten Daten und eventuelle Löschung), Ein-/Ausschalter auf dem Transponder (der Deaktivator ermöglicht es dem Kunden, die auf dem Chip gespeicherten Daten zu überschreiben und somit den Tag zu deaktivieren), eine ähnliche Funktion hat auch der Blocker – Chip: gezielte Unterbrechung der Datenübertragung, Zugriffskon-

---

[57] bei real,- SB-Warenhaus GmbH: Herr Holle, Abt. Revision
[58] siehe S. 10

trolle im Transponder – Betriebssystem[59], ein kräftiger Kugelschreiberstrich zur Durchtrennung der Antenne oder lediglich das Entfernen des Chips.

Alles in allem stellt der Einsatz von RFID in keinem Fall eine Verletzung der Privatsphäre der Verbraucher dar. Die bereits auch schon heute mögliche Datenerfassung und -speicherung über den Barcode wird durch den Einsatz der Chips lediglich erleichtert und verbessert aber keines Falls legitimiert. Darüber hinaus wird eine schnelle und umfassende Verwendung der zu diesem Zweck bei Einkäufen der Konsumenten schon seit geraumer Zeit erfassten Daten erlaubt. Dies muss vordergründig kommuniziert werden, da diesbezüglich noch erheblicher Handlungsbedarf zur Stärkung der Verbraucherakzeptanz erforderlich ist. Dabei muss vor allem auf eventuelle Bedenken der Konsumenten eingegangen werden. Der gute Wille der Unternehmen kann zum Einen über die Medien propagiert werden und zum Anderen können die Handelsunternehmen selber aktiv werden, indem sie beispielsweise über Fragekästen oder -stunden direkt auf die Belange der Kunden eingehen oder pauschal über die Neuerung RFID in Form von Webseiten (Homepage des Unternehmens), Newslettern, Flyern, Informationsbroschüren oder das Wissen über die Beratungsfunktion der Mitarbeiter weitergeben. Möglich und von den Kunden gewünscht wie auch akzeptiert sind öffentliche Bekennungen hinsichtlich Datenschutzrealisierung. Die EPCglobal Inc.[60] verpflichtet ihre Mitglieder freiwillig zu Regeln, welche an das BDSG anlehnen. Diese Mitgliedschaft zu veröffentlichen wäre ein weiterer Schritt. In der Anfangsphase sind auch mobile Laboratorien für den Einsatz vor Ort bei Kunden, die beraten werden wollen, denkbar wie auch Passwörter, welche jedoch teuer, langsam und aufwendig sind und damit die Markteinführung verlangsamen würden. Solche vertrauensbildenden Maßnahmen stünden nicht nur den Firmen gut zu Gesicht, sondern würden auch zeigen, dass Datenschutz nicht gleich Täterschutz bedeute.

---

[59] vgl. S. 17 (Zugangskontrollen an Bizerba – Waagen)
[60] siehe Anlagen

Parallel ist diese Problematik auch der Regierung bekannt. Das Bundesministerium für Bildung und Forschung hat diesbezüglich eine Studie zur Technikfolgenabschätzung in Auftrag gegeben, welche von der RFID – Technik ausgeht. Diese Erhebung dauert bis Ende März 2006 noch an, sodass hierfür noch keine von der Bundesregierung anerkannten Aussagen vorliegen. Lediglich zu einer Anfrage von der FDP – Bundestagsfraktion auf die Initiative der Bundestagsabgeordneten Gisela Piltz zum Thema „RFID und Datenschutzverträglichkeit" äußerte sich die Bundesregierung, wie bereits in dieser Untersuchung festgestellt, dass derzeit kein Handlungsbedarf zur Änderung des BDSGs ersichtlich ist.

5. RFID heute

Um das Thema RFID – Technologie im Verlauf dieser Untersuchung zu konkretisieren, wird in diesem Kapitel die Nutzung und die in diesem Zusammenhang stehenden Erfahrungen des deutschen Handelsriesen METRO AG im Allgemeinen untersucht. Dadurch wird der heutige technologische Stand mit seinen Auswirkungen auf die betroffenen Prozesse deutlich. Danach erfolgt eine Spezialisierung auf die Tochterfirma real,- SB-Warenhaus GmbH mit Informationen über die dortige RFID - Einführungen. Eine Kostenanalyse des Marktes in Ratingen, wie sie sich im Zuge der RFID – Einführung ergab, wird dieses Kapitel abschließen und abrunden, da realistische Optimierungsansätze für zukünftige Umstellungen genannt werden.

5.1. Der Rollout der METRO AG

Die METRO Group ist der weltweit fünftgrößte Handelskonzern. Mit ihren leistungsstarken Vertriebsmarken ist die METRO Group in 28 Ländern an über 2.300 Standorten und mit 240.000 Mitarbeitern erfolgreich. Beispielsweise erwirtschaftete das Unternehmen 2003 einen Umsatz von 53,6 Milliarden Euro. Die verschiedenen Vertriebsmarken der METRO Group sind mit spezifischen Vertriebskonzepten eigenständig am Markt tätig: Metro Cash & Carry, Weltmarktführer im Selbstbedienungs – Großhandel, real,- SB-Warenhäuser, Media Markt und Saturn, die führenden Elektronikfachmärkte in Europa, Praktiker Bau- und Heimwerkermärkte und die Warenhäuser Galeria Kaufhof. Innovationen sind Programm bei der METRO Group. So wird auch im Rahmen der METRO Group Future Store Initiative[61] die technologische Entwicklung der RFID – Technologie voran getrieben und die Alltagstauglichkeit überprüft. Die daraus resultierenden Ergebnisse entschieden letztendlich den Rollout ab November 2004 für 250 Märkte der Vertriebslinien, zu denen auch die real,- SB-Warenhaus GmbH mit gehört.

Der Future Store befindet sich in Rheinberg und testet den Einsatz und das Zusammenspiel verschiedener neuer Technologien im

---

[61] Partner: SAP, Intel, IBM, Microsoft, 40 weitere Unternehmen aus IT-, Konsumgüter- und Dienstleistungsind.

Handel, so auch der RFID, unter realen Bedingungen, welche als Wettbewerbsvorteile eine große Bedeutung zukommt. „Darüber hinaus ... ", so erklärt Dr. Hans-Joachim Körber, Vorstandsvorsitzender der METRO Group, anlässlich der „Retail Conference" in New York bereits im Januar 2004 „ ... will (man) (...) die Modernisierung im Handel vorantreiben.". Über die deutschen Ländergrenzen hinaus ist der Future Store als eine Art Benchmark und Entwicklungstreiber be- und anerkannt. Aus dem Wissen, welches man im Vorfeld in der Future Store Initiative erwarb, entwickelte die METRO AG das Rolloutvorhaben, mit Hilfe eines „Projektplan RFID", den sie auf dem RFID – Fachkongress für ihre Partner vorstellte. Daraus entwickelte die METRO AG einen „Projektplan RFID", den sie auf dem RFID - Fachkongress für ihre Partner vorstellte. Dieser sah bereits im Mai 2004 eine Planung der Budgetierung, Machbarkeit und der Umsetzung vor, die bis zur KW 23 fertig gestellt werden musste. Danach begann man mit der Softwareprogrammierung und ihrer Installation. Dies war bis zum 31.08.2004 beendet. Gleichzeitig wurden im RFID - Innovation Center[62] Tests zur Software und Hardware durchgeführt. Die nun letzten zwei Monate nutzte man intensiv für einen abschließenden Funktionstest, welcher allerdings erst am 01.07.2005 beendet wird. Der Waren - Rollout erfolgte nun am 01.11.2004 in ausgewählten Märkten. Der nächste Stichtag war der 01.07.2005, da nun nicht nur die Paletten und Kartons mit Tags versehen werden, sondern auch die darin befindlichen Handelseinheiten. Diese Phase endet mit dem Mai 2006. In der folgenden Übersicht wird der Ablauf nochmals deutlich:

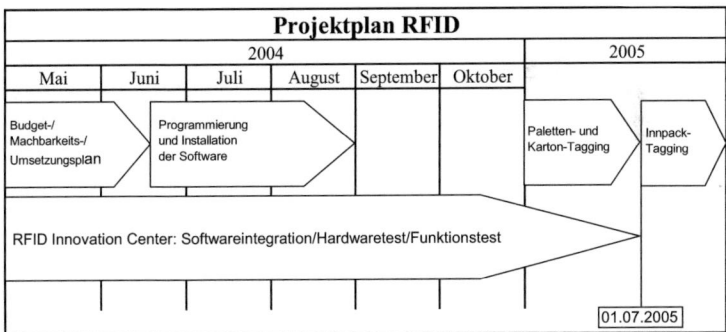

Bild 11: Projektplan RFID, Quelle: vgl. PowerPoint Präsentation „Erfolgreicher RFID-Fachkongress für die Partner der METRO Group"

---

[62] siehe Anlagen

Bislang wird der Einsatz auf das Lagermanagement beschränkt, um dort die Wareneingangskontrolle mittels RFID – Technologie zu automatisieren. Im Zentrallager wurden die Lieferungen mit entsprechenden Etiketten bestückt, um bei der Ankunft eingelesen zu werden. Wenn die Ware anschließend in den Verkaufsraum gelangt, wird sie nochmals angelesen, um sie als verräumt zu identifizieren.

Diese Tests wurden nach und nach ausgebaut und es erschlossen sich immer mehr Vorteile[63], sowohl für den Kunden als auch für den Handel: niedrigere Kosten durch effektivere Prozesse, Lokalisierung der Ware, Optimierung des Bestellwesens, Verringerung der Kosten und der Out – of – Stock[64] - Situationen, um lediglich einige Wenige zu nennen. Die Kostensenkungspotentiale können so auf den Preis für den Endverbraucher umgeschlagen werden. Am 22.03.2004 veröffentlichte die METRO AG die Präsentation „RFID Prozessbeschreibung und –anforderungen MCCD, EH, MDL, Kaufhof" über die gewünschte RFID – Prozessbeschreibung und die benötigten Anforderungen.

Nun werden die Vorgänge in den Einzelhandelsmärkten erläutert, um die Ausmaße der Veränderungen durch die Technologie erkennen zu können. Dabei bleiben die angesprochenen Anforderungen seitens der Hard- und Software aus Gründen der Themenabgrenzung unberücksichtigt.

5.1.1. Szenario „Wareneingang"

Die zu liefernde Palette[65] erreicht den Markt und ist parallel nun mit dem Tag ausgestattet. Der Frachtführer meldet sich im Wareneingangsbüro und bekommt ein Tor zugewiesen. Anschließend wird die Palette durch den Portal – Reader gezogen, um den Tag auszulesen.

---

[63] vgl. auch Kapitel 6. Vorteile der RFID – Technologie
[64] Fehlartikel (Kunde sieht Lücke im Regal) – Kaufpsychologie: es wird zu 80 – 90 % gar nicht gekauft, ehe ein alternatives Produkt in Erwägung gezogen wird – Out – of – Stock ist demnach eine enorme Umsatzeinbuße
[65] Artikelgenaues Tagging ist erst für Ende 2005 geplant.

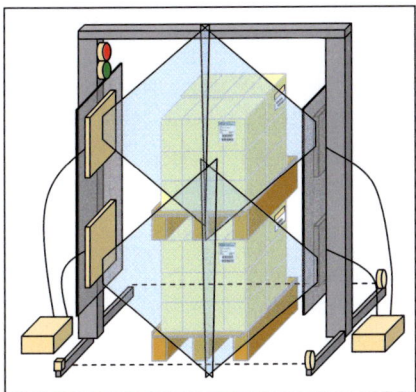

Bild 12: Wareneingangsgate[66]

Dadurch wird im Warenwirtschaftssystem automatisch der Wareneingang angelegt. In diesem werden nun alle ausgelesenen Daten gespeichert und parallel mit dem Orderpool, in welchem die Bestellungen hinterlegt sind, abgeglichen. Lediglich die Differenzen werden dem Wareneingangsmitarbeiter auf dem Bildschirm seines Handheld[67] angezeigt. Bei Mehrmengen entscheidet er, ob die Ware dennoch angenommen oder die Annahme verweigert wird . Bei Fehlmengen kann er diese stornieren oder neu bestellen, ggf. auch nach Rücksprache mit dem entsprechenden Abteilungsverantwortlichen. Ohne RFID musste die Lieferung unter einem großen Aufwand an Zeit manuell kontrolliert werden. Dies ist vor allem bei Feinkontrollen, bei denen mengengenau gezählt werden muss, der Fall. Parallel ist hier noch die Fehlerquelle Mensch in einem großen Anteil im Wareneingangsprozess vertreten. Die trotz RFID notwendige Feinkontrolle übernimmt nun das System und ist damit auch automatisiert. Seitens Bestandsmanagement ergibt sich so bei der Umsetzung von RFID – Prozessen über die gesamte Prozesskette vom Lieferant bis in den Markt eine hohe Prozesssicherheit: Fehlerreduzierung in den Bestandsbuchungen des Wareneingangs, deutliche Fehlerreduzierung durch eine systemgestützte Feinkontrolle.

---

[66] Quelle: Präsentation „Erfolgreicher RFID – Fachkongress für die Partner der METRO Group"
[67] Taschencomputer

Im Wareneingang erfolgt, mit Ausnahme von Filialpaketen, eine Auflösung der Lieferanteneinheit in mehrere kleinere Einheiten. Dies betrifft sowohl die Verteilung als auch die Bevorratung, Nachschub und Kommissionierung der Artikel. Deshalb wird in der Startphase, nur dem Wareneingang im Lager besondere Aufmerksamkeit geschenkt, um dort erste Erfahrungen zu sammeln.

5.1.2. Szenario „Verräumung"

Die Nachschubgenerierung im Lager erfolgt mit der RFID – Technologie nun auch automatisch, sodass die Lagerverwaltung vollständig entfällt. Sämtliche eingegangenen Paletten werden zunächst als Backstore[68] - Bestand gebucht und dort ggf. zwischengelagert. Wenn die Paletten mit Hilfe des Staplers den Backstore – Bereich verlassen und auf die Verkaufsfläche gelangen, werden die darauf befindlichen Tags über einen Portalreader gelesen und dem Bestand im Verkaufsraum aufgebucht. Die Verräumung in die Regale unter Beachtung des Mindesthaltbarkeitsdatums wird dabei immer noch manuell von den Mitarbeitern erledigt. Ware, welche sich bereits im Regal befindet, muss ebenfalls nach dem Verfallsdatum kontrolliert werden. Durch RFID automatisiert sich dieser Prozess: dem Warenwirtschaftssystem werden die kritischen MHD – Werte gemeldet. Nun ist lediglich eine Abfrage im System notwendig, um die entsprechenden Artikel entnehmen zu können. Danach reduziert der Kassenabgang den Bestand entsprechend. Bei Erreichen eines Meldebestandes wird ein Nachschubauftrag ausgelöst. Bei dem Fall von einer Fehlmenge wird eine Meldung generiert, welche im Wareneingang für eine priorisierte[69] Zuführung genutzt wird. Bei der Rückführung von Ware aus dem Verkaufsraum führt parallel eine Umbuchung die Ware dem Backstore – Bestand wieder zu. Voraussetzung ist jedoch eine Lesegenauigkeit von 100 %[70], da sich die Bestände im Warenwirtschaftsystem sonst verfälschen.

Der Rollout der METRO Group soll bis Anfang 2006 die 300 Top – Lieferanten umfassen. Diese reagieren jedoch noch skeptisch,

---

[68] Dies ist ein für den Kunden nicht zugänglicher Bereich.
[69] vorrangig, bevorzugt
[70] wird im Artikel - Tagging noch nicht ganz erreicht (99%), Gründe: siehe Kapitel

da sie trotz Rationalisierungsvorteilen die Kosten für die noch relativ teuren Funketiketten übernehmen müssen. Dennoch will sich die METRO Group dadurch die Innovationsführerschaft sichern und verspricht sich weiteres Ertragswachstum in gesättigten Märkten.

5.2. Der Rollout in der real,- SB-Warenhaus GmbH

Mit diesen Erwartungen beginnt nun, wie Anfang des Jahres 2004 geplant, die RFID – Einführung in den Vertriebslinien real,- SB-Warenhaus GmbH, Galeria Kaufhof sowie METRO Cash & Carry. Im Vorfeld wurden die Betriebsräte in den real – Märkten durch ein Informationsschreiben vom 17.05.2004 über die Themen der am 13./14.05.2004 stattgefundenen Sitzung des Gesamtbetriebsrates über den Tagesordnungspunkt RFID – Einführung ab dem 01.11.2004 umfassend informiert[71]. Später, am 09.08.2004, wurden mittels einer Organisationsmitteilung alle Geschäftsleiter über den Zeitplan und die betroffenen sechs real,- Märkte informiert[72]. So gehörten u.a. die Märkte in Ratingen, Filderstadt, Moers und Alzey dazu. Ab dem 15.11.2004 kamen weitere fünf Märkte hinzu. Die Lieferanten, welche ab November 2004 diese Märkte mit getaggter Ware beliefern, sind zum Beispiel Pap Star, Kraft Foods, Nestlé, Procter & Gamble, Unilever Bestfoods, Colgate – Palmolive, Gillette, Johnson & Johnson, Hakle – Kimberly, Henkel, Dr. Oetker, Schwartauer und Sara Lee im Food – Bereich, sowie 3M Scotch, Triumph und Faber Castell im Non Food – Bereich. Dies wurde in den zentralen Abteilungen Logistik und Ablauforganisation organisiert, kontrolliert, kommuniziert[73] und aufeinander abgestimmt.

Die „Lebensmittel Zeitung" berichtete in ihrer Ausgabe vom 03.11.2004 umfassend über den beginnenden RFID – Rollout am Vortag, einem Dienstag, und bezeichnete ihn sogar als historisch, da erstmals Händler an mehreren Standorten RFID – bestückte Warenlieferungen gleichzeitig vereinnahmten. Jedoch wird bis zum jetzigen Zeitpunkt auf das Tagging von Verpackungen bei metallhaltigen oder flüssigen Inhalten aufgrund bereits genanntem Problem bei der Erkennung vollständig verzichtet, so auch in Ratingen.

---

[71] siehe Anlagen
[72] siehe Anlagen
[73] Beispiel siehe Anlagen

5.3. Kostenanalyse des Marktes Ratingen

Da der real,- Markt in Ratingen bereits seit Beginn mit RFID - Technik arbeitet und diesbezüglich eine Komplettinstallation mit 3 Wareneingangsgates und 2 Warendurchgangsgates vollzogen ist, wird seine Kostenstruktur vor und nach der RFID – Einführung untersucht, um mögliche Optimierungsansätze für spätere Marktumstellungen zu finden. Dazu liegen die KER[74] – Ergebnisse von den Monaten Februar, März und April 2004 und 2005 als analoge Betrachtungszeiträume zum Vergleich zu Grunde. Das ausführliche Zahlenmaterial ist in den Anlagen hinterlegt. Die dabei im Mittelpunkt stehenden Kostenblöcke umfassen Personal, Miete/Leasing, Energie, Abschreibungen und Instandhaltung/Wartung[75], da dort die gravierendsten Veränderungen durch die RFID – Einführung erwartet werden. Im Vorfeld werden diese Annahmen formuliert, um nach der Darstellung und Auswertung der realen Werte Aussagen hinsichtlich Optimierungsmöglichkeiten treffen zu können.

5.3.1. Erwartungshaltung hinsichtlich Kostenanalyse des Marktes Ratingen

Da der Analysezeitraum 2005 in die Einführungsphase fällt, sind kurzfristig andere Erwartungen hinsichtlich der Kosten festzulegen, als bei einer langfristigen Untersuchung, bei welcher sich die Technologie bereits bewährt hat und aus den Kinderschuhen gewachsen ist. Darüber hinaus werden nur die RFID – bedingten Veränderungen in Erwägung gezogen, sodass es möglich ist, bei der vergleichenden Auswertung, zwar die erwarteten Ergebnisse vorliegen zu haben, jedoch aus anderen Gründen.

Auf den Vorüberlegungen basierend ist es denkbar, dass die Personalkosten mindestens konstant bleiben oder sogar ansteigen. In der Startzeit kann noch nicht mit einem einwandfreien Einsatz der Technologie gerechnet werden, sodass mögliche Rationalisierungsvorgänge zeitlich nach hinten verlagert werden müssen. Diese Umverteilung des Personals würde lediglich konstante Kosten zum Vorjahresvergleich verursachen. Ebenso ist es denkbar, dass zusätzliches Fachpersonal eingestellt werden muss, um den neuen Anfor-

---

[74] kurzfristige Erfolgsrechnung
[75] bezieht sich nur auf die Einrichtung (außer Betracht: Gebäude)

derungen der RFID - Technik gerecht zu werden. Dies wäre der Grund für einen RFID – bedingten Anstieg der Personalkosten.

Die Kosten Miete/Leasing und Abschreibungen basieren auf der Art der Finanzierung, welche zur Anschaffung der RFID – notwendigen Anlagen gewählt wurden. Die zu zahlenden Beträge bei einer gemieteten oder geleasten[76] Investition würden diese Kosten steigen lassen. Die Abschreibungen blieben dabei unberührt. Wenn jedoch die Anlagen gekauft wären, könnten die linearen[77] Abschreibungsbeträge gewinnmindernd geltend gemacht werden und die Abschreibungskosten könnten ansteigen, sofern diese Beträge monatlich angesetzt werden. Andernfalls wäre die Auswirkung erst am Jahresende 2005 sichtbar.

Die RFID - Technik funktioniert auf der Grundlage von Energiezufuhr, sodass die Energiekosten steigen müssten. Da nicht nur die Technologie für ihre Funktionsweise selber Energie benötigt, sondern auch zusätzliche Anlagen (Kassensysteme, Schnittstellen für das Warenwirtschaftssystem, Software), Geräte (neue mobile Datenerfassungsgeräte, Lesegeräte) und Maschinen (Wareneingangstor) mit Energie versorgt werden müssen, dürfte der Anstieg diesbezüglich deutlich sichtbar sein.

Der Kostenblock Instandhaltung/Wartung dürfte sich aus dem selben Grund wie die Energie vergrößern. Vor allem in der beginnenden Phase ist mit Startschwierigkeiten zu rechnen. So sind Probleme wie technische oder elektrische Ausfälle wie auch noch fehlerhafte Programmierungen denkbar, da die RFID – Technologie mit ihren Anbindungen noch nicht in vollem Umfang ausgereift ist. Ein erster Blick auf die Kostenzusammensetzung vor und nach der RFID – Einführung zeigt, dass die Veränderungen nur gering ausfallen:

---

[76] Sonderform der Miete
[77] Die real,- SB-Warenhaus GmbH schreibt ausschließlich linear ab.

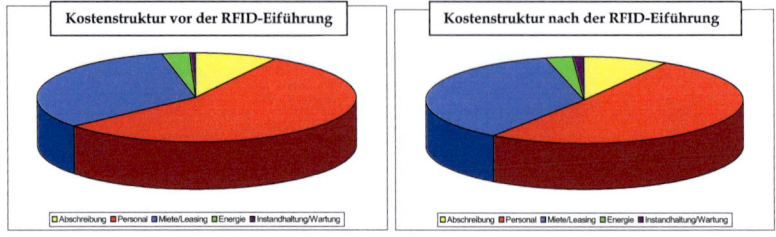

5.3.2. Auswertung der KER – Ergebnisse des Marktes Ratingen

Da die personalbedingten Kosten den größten Anteil umfassen, wird auch bei der Auswertung mit diesem Aspekt begonnen. Die KER – Daten ergaben folgendes Diagramm:

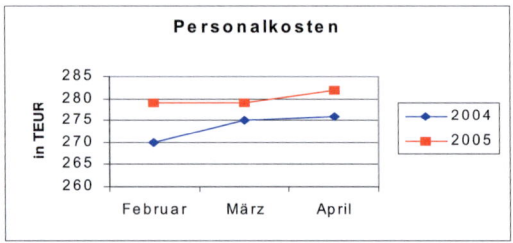

Daraus ersichtlich ist der deutliche Anstieg im Vergleich zu den Monaten aus dem Jahr 2004. Widererwartend ist dieser jedoch nicht aufgrund von Fachpersonal zu verzeichnen, sondern eine Tariferhöhung von 1,5 % und der Wegfall der finanziellen Unterstützung zur Integration Schwerbehinderter ließen die Personalkosten anwachsen. In der Einführungsphase ist RFID aus Personalkostensicht keine zusätzliche Belastung.

Die Diagramme der Kostenentwicklungen von Miete/Leasing und Abschreibungen ergeben ein den Personalkosten gegenläufiges Bild:

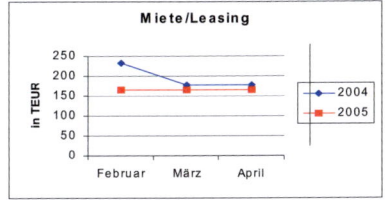 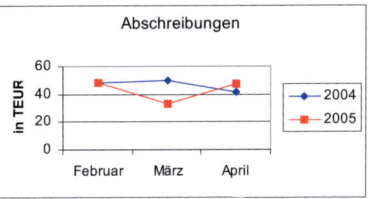

Beide Kostenaspekte liegen, bis auf eine Ausnahme im April bei der Abschreibung, unter den Vorjahreswerten. Der untypische Wert im Februar bei Miete/Leasing ergab sich rückwirkend aus einer Mietnachzahlung aus dem Februar 2004. Ansonsten sind die Werte über den Jahreswechsel hinaus konstant geblieben. Das bedeutet, dass keine zusätzlichen Investitionen angemietet oder geleast wurden, auch nicht die RFID – Technik. Somit ist sie vollständig gekauft wurden. Da diese Kosten vom Markt getragen werden müssen, werden die daraus resultierenden Abschreibungen auch auf Marktebene monatlich aufgeteilt. Die Anschaffungen, welche aufgrund von RFID – Umstellungen im Februar 2004 gemacht wurden, belaufen sich einzeln auf jeweils unter 10 TEUR, sodass sie lediglich 2 Jahre abgeschrieben werden. Im Markt Ratingen vollzog man 2003 einen kompletten Modernisierungsumbau, welcher die Verantwortlichen zur RFID – Einführung veranlasste. Viele der sich daraus ergebenden Abschreibungen enden nun. Das Resultat ist, dass trotz der zusätzlichen RFID – bedingten Abschreibungen die Vorjahreswerte nicht überschritten werden. Weiterhin sind die Abschreibungen auf Artikel aufgrund von Schwund, Diebstahl, Bruch und Verderb inklusive, welche jedoch wegen ihrer Regelmäßigkeit vernachlässigt werden können.

Die Energiekosten werden durch eine Pauschale beglichen:

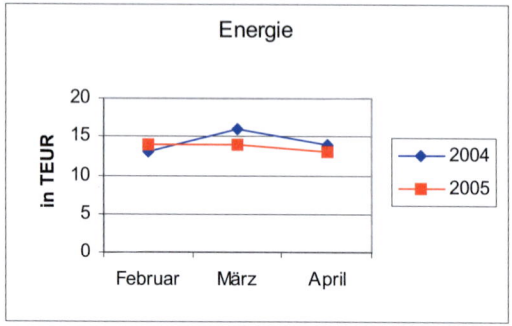

Die Gebäudeleittechnik ist im voran gegangenen Jahr durch einen installierten Rechner verbessert wurden, sodass die speziellen Bereiche über die Zeitschaltuhr erst dann angeschaltet werden, wenn es tatsächlich notwendig ist. So konnten die Energiekosten optimiert werden. Die Ersparnis kommt der RFID – Nutzung zugute. Damit ist auch hier kein nennenswerter Anstieg zu verzeichnen. Darüber hinaus darf das Wareneingangstor aus technischen Gründen nicht länger als 20 Minuten im Dauerbetrieb bleiben. Auch diese Zeitbegrenzung bringt eine bessere Auslastung während der Zeit, da die Mitarbeiter angehalten sind, effektiver zu arbeiten.

Der Belastungen aus Instandhaltung/Wartung sind generell niedriger im Vergleich zu 2004:

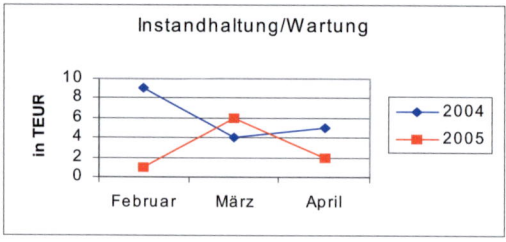

Auch hier spielen die Einflüsse aus dem Umbau von 2003 rein. Der Markt wurde mit Videoüberwachung und Sensormatic für die EAS ausgestattet. Die Instandhaltung- und Wartungskosten für RFID werden voraussichtlich erst langfristig ihre Wirkung zeigen, wenn die Anlagen durch den längeren Gebrauch Abnutzungs- bzw. Alterserscheinungen zeigen und damit Reparaturen und Wartungen notwendig werden.

Die hier gewonnenen Erkenntnisse werden im kommenden Kapitel genutzt, um Fakten herauszukristallisieren, welche Vorbildcharakter haben bzw. bei zukünftigen Umbauten besser gestaltet werden können. Dabei müssen die marktspezifischen Gegebenheiten, wie Nachzahlungen oder Umbauten wegen Videoüberwachung bzw. EAS, vernachlässigt werden.

5.3.3. Möglichkeiten der Optimierung bei der RFID – Marktumstellung

Zusammenfassend kann man feststellen, dass im real,- Markt Ratingen in jedem Kostenbereich Verbesserungen erzielt wurden, trotz RFID – Einführung. Jedoch kann man durch eine bessere Planung, indem man sich nun auf Erfahrungswerte stützen kann, bei der Soll – Ist – Analyse ein positiveres Ergebnis erzielen. Die RFID – Einführungen in den Märkten haben zu Beginn nicht unweigerlich einen enormen Kostenanstieg zu Folge. Zwar war dies in Ratingen mit günstigen Gegebenheiten (neuer Gebäudeleitrechner, beendete Abschreibungen vom vorherigen Umbau) erzielt wurden, jedoch sind bei Nichtberücksichtigung dieser Umstände die Kosten dennoch im Rahmen geblieben. Die wenigen Anschaffungen lagen, nach Aussage des Abteilungsleiters Warenwirtschaft in Ratingen, Herrn Körblein, jeweils alle unter 10 TEUR. Weder die Personalkosten sind RFID – bedingt angestiegen noch die Instandhaltung/Wartungs – Kosten für Reparaturen während der Einführungsphase. Diese Umstände fallen jetzt noch in Garantie- und Gewährleistungsansprüche hinein, sodass dies noch nicht in einem Zahlungsausgang endet. Bei den Energiekosten hingegen muss mit einem leichten Anstieg gerechnet werden, jedoch kann man, wie in Ratingen, parallel die Möglichkeiten des Energiesparens an anderen Stellen untersuchen. Diesbezüglich würde sich ein marktinternes SAT[78] anbieten.

---

[78] schnelles Aktionsteam

Insgesamt ist seitens der betrachteten Kosten in einem real,- Markt während der Einführung nur wenig Optimierung möglich und hängt stark von den dortigen Gegebenheiten hinsichtlich Ausstattung, technischem Standard und Kostenbedingungen ab, sodass insbesondere die Geschäftsleiter dazu angehalten sind, diese Aspekte im Vorfeld zu erörtern. Da sich diese Betrachtung aus zeitlichen Gründen nur auf eine kurzfristige Darstellung während der Einführungsphase beschränkt, wird hiermit auf das Kapitel 8. Prognosen verwiesen, welches die langfristigen Zielsetzungen im Bezug auf RFID im Handel und im speziellen der METRO AG mit ihren real,- Märkten wiedergibt. Erst dadurch wird das Potential, welches diese Technologie mitbringt deutlich.

6. Vorteile der RFID – Technologie

Im diesem Kapitel werden zunächst die vielfältigen Vorteile der RFID – Technologie aufgegriffen und anhand der Supply Chain erläutert. Diese werden durch ein Zukunftsszenario aus Sicht der Kunden verdeutlicht. Erst im anschließenden Kapitel werden die wenigen Probleme, sprich Nachteile, aufgegriffen und bewertet. So kann eine abschließende Aussage im Kapitel 8. Prognosen bezüglich der künftigen Entwicklung im Handel gewagt werden.

Die ersten praktischen Anwendungen, vor allem im METRO Rollout[79], zeigen die ausbaufähigen Potentiale der Technologie:

- höherer Automatisierungsgrad zur Effizienzsteigerung,
- höherer Genauigkeitsgrad,
- schnellerer Informationsfluss und
- höhere gewährleistete Sicherheit.

Damit liegen die Hauptvorteile, welche durch RFID realisiert werden können, klar auf der Hand:
- Kostenreduzierung durch
    - höheren Automatisierungsgrad,
    - Pulk – Erkennung,
    - Wegfall von bestimmten manuellen Tätigkeiten,
- bessere Rückverfolgung der Produkte durch
    - gelabelte Artikel sind eindeutig identifizierbar,
    - keine direkte Sicht der Labels erforderlich (davon unabhängig kann das Verpackungsdesign entwickelt werden, welches direkt auf das Kaufverhalten der Kunden abzielt),
    - Daten sind überall verfügbar,
    - Daten können jederzeit erneuert werden,

---

[79] siehe Kapitel 5.1. Der Rollout der METRO AG

- höhere Genauigkeit durch
    - o reduzierten Schwund, Diebstahl und Verderb der Waren,
    - o vereinfachte und verkürzte Inventuren (Frischeinventuren und Jahresabschlussinventuren) inkl. Auswertung sowie
- Kosteneinsparungen, v.a. in den Bereichen
    - o Abschreibung,
    - o Materialaufwand und
    - o Personal.

Diese erste Übersicht wird nun genauer erläutert, indem der Einflussfaktor RFID entlang der Produktionskette geprüft wird.

6.1. In der Logistik

Der Logistikbegriff umfasst Bestellung, Warenausgang und Transport, Wareneingang und Bestandsmanagement der Ware. Zumal stellen in einem Handelsunternehmen die Logistikkosten den drittgrößten Kostenblock dar. Dabei sind die Kosten für benötigtes Personal, Roh-, Hilfs-, Betriebsstoffe, Flurfördertechnik, Energie und Abschreibungen inklusive. Dieser Abschnitt zeigt, dass RFID in allen Aspekten Vorteile bringt, da die Konsumgüterlogistik beschleunigt und vereinfacht wird und somit besser gesteuert werden kann.

6.1.1. Disposition

Die Bestellung der Waren wird durch die RFID – Technologie weitgehend frei von menschlichen Einflussfaktoren. Die real,-Marktkette hatte bereits durch die Einführung von AUDI+[80] die Nachdisposition so weit wie möglich automatisiert. Jedoch ist damit neben einem geschlossenen Warenwirtschaftssystem auch ein tatsächlicher Warenbestand erforderlich. Da viele Mitarbeiter auf diesen Bestand in den real,- Märkten im System zugreifen und auch verändern können, liegt die Gefahr der Verfälschung nahe. Eine

---

[80] automatische Disposition

fortwährende Prüfung des Warenbestandes wird notwendig. Diesen manuell sehr aufwendigen Prozess ersetzt die RFID – Technologie[81]. Die Fehlerkomponente Mensch entfällt. Die Disposition wird genau und entspricht dem tatsächlichen Bedarf des Marktes. Die Lagerbestände werden nicht unnötig aufgebaut. Der Verderb von Lebensmitteln wird parallel reduziert und damit auch die Kosten für Abschreibungen. Im Abschnitt 6.1.4. Bestandsmanagement und Inventur werden einige Aspekte nochmals aufgegriffen und weitergeführt.

6.1.2. Transport

Zur Zeit verursachen die Mautgebühren auf den Autobahnen steigende Logistikkosten: von 7,8 % auf 8,5 % vom Umsatz[82]. Mit Hilfe von RFID besteht die Möglichkeit diese wieder auszugleichen. So kann schon bei der LKW – Beladung durch den automatischen Warenausgang eine Zeitersparnis von 15 bis 20 Minuten erzielt werden. Weiterhin benötigte ein Angestellter bei der manuellen Sortierung von 150 Textilien bisher eine Stunde; über die RFID – Tags sind in der gleichen Zeit 4000 bis 8000 Stück realisierbar. Aber auch die
IT – Systeme können standardisiert und modernisiert werden. Die Folge sind schlankere Prozesse, mehr Leistung für die Filialen, verbesserte Kommunikation zwischen den Märkten und Lieferanten mittels Intranet sowie die Eventualität der Funktionserweiterung des Extranets[83]. Damit können auch die integrierten Prozesse zwischen Filiale und Zentrale verbessert werden (Prozesseffizienz).

Der Nachweis wurde bereits anhand einer Analyse der Arbeitsprozesse im METRO Group Future Store geführt. Dazu gehörten alle Tätigkeiten und Arbeitsabläufe, die mit dem Warenfluss in direktem Zusammenhang standen. Der Vorteil dieser Untersuchung ist, dass die Ergebnisse auf realen operativen Zahlen basieren statt auf Annahmen. Dabei wurden vor allem drei Haupttätigkeiten fokussiert: der Eingang frischer Ware, das Lagermanagement sowie die Nachverräumung auf der Verkaufsfläche. Daraus kristallisierte

---

[81] vgl. permanente Inventur
[82] lt. Trendstudie von A.T. Kearney
[83] Bei real,- ist die Nutzung des Extranets gesperrt.

man 57 Einzelaktivitäten bzw. Handgriffe, die zeitlich erfasst, analysiert und optimiert wurden.

Auch die Datensicherheit ist während des Transports und später im Verkaufsraum mit den Funketiketten realisierbar. Eine externe Manipulation ist nicht möglich, da Daten mit dem bloßen Auge nicht erkennbar sind.

Seitens der Lieferanten kann die Tourenplanung durch RFID – gestützte Software durch die Steuerung des Fuhrparks verbessert werden. Nun sind nämlich nicht nur die motorisierten Fahrzeuge erfasst, sondern auch die Anhänger und Auflieger, die den Fahrten zugeordnet werden können. Die Auslastung und damit verbunden die tatsächliche Nutzdauer können erhöht werden. Unter diesem Aspekt wäre ein Transponder mit einer Lebensdauer von fünf Jahren ohne Wartung rentabel: die Resistenz der Tags gegen Verschmutzungen oder Verschleiß basiert auf dem Fehlen von mechanischen Kontakten. Die Tags sind wartungsfrei und gleichzeitig langlebig.

6.1.3. Wareneingang

Die RFID – Technologie ersetzt mittelfristig die Wareneingangskontrollen und mit ihnen die belegreichen Vorgänge. Der manuelle Arbeitsaufwand und die Kosten für Papier werden durch die vereinfachte Belegbearbeitung verringert. Man erwartet sogar beleglose Vorgänge. Diese resultieren aus der hohen Speicherkapazität der Tags. Damit und aufgrund der Tatsache, dass keine Sichtverbindung zwischen Tag und Reader notwendig ist, ist die Flexibilität der Daten und eine zusätzliche Platzersparnis gewährleistet. Die elektronische Wareneingangserfassung und die geringe Fehlerquote beim Ablesen der Transponder ermöglichen eine schnelle Abwicklung des Wareneingangs. Dieser sekundenschnelle Datenaustausch ist aufgrund der Funktionsweise der Technologie möglich. Parallel können mehrere Tags erfasst werden (Pulkerfassung), was wieder zusätzlich Zeit und damit Personalkosten spart.

6.1.4. Bestandsmanagement und Inventur

Durch die vereinfachte Steuerung des Warenmanagements lässt sich auch die Bestandsführung optimieren. Voraussetzung für die Verbesserung des Warenbestandes ist, wie oben bereits erwähnt, die genaue Kenntnis über ihn. Fakt ist jedoch, dass der Hälfte der Unternehmen im Einzelhandel ihre Warenverfügbarkeit im Regal schlicht unbekannt ist[84], denn hier spielt wie bei der Disposition wieder die Fehlerquelle Mensch eine nicht ganz unwesentliche Rolle. Die benötigte qualitative Verbesserung der Stammdatenbereitstellung durch Integration standardisierter und empfängerorientierter Prüfsysteme lässt sich mit RFID realisieren. Darüber hinaus kann ein Abverkaufsdaten – Informationssystems aufgebaut werden.

RFID lässt aber in der Bestandsführung noch weitere Vorteile zu: eindeutige Bestandszuordnung, schnelle Reaktion bei verändertem Kaufverhalten, automatische Frischekontrollen und bessere Präsenz der Artikel für den Nachfrager. Dies und die Innovationen werden als entscheidender Wettbewerbsfaktor in der Handelsbranche angesehen.

Auch Rückrufaktionen können schneller und effektiver umgesetzt werden, da jederzeit der aktuelle Aufenthaltsort der einzelnen Artikel im Unternehmen bzw. im Markt automatisch ermittelt wird und gleichzeitig diese Information in der Datenbank hinterlegt wird. Eine virtuelle Dokumentation des entsprechenden Produktes ist somit entlang der Lieferkette möglich. Mit diesen Angaben können interne Abläufe besser geplant und Arbeitszeit effizienter eingesetzt werden. Personalressourcen werden optimaler ausgelastet.

Wichtig für den Erfolg bei der Bestandssteuerung sind die drei Rollout – Phasen in den real,- Märkten:

(1) Paletten-,

(2) Case- (Umkarton) und

(3) Item (Artikel) – Tagging.

---

[84] Ergebnis einer Studie des Kühne – Institutes für Logistik der Universität St. Gallen zum Thema „Business-IT-Alignment"

Beginnend ab der zweiten Phase entfallen allmählich die Feinkontrollen und können Bestände im Lager und Verkauf unterschieden werden. Demnach sind Out – of – Shelf – Situationen und Out – of – Stock – Situationen zu differenzieren: Artikel, welche lediglich im Regal fehlen und noch im Lager befindlich sind, und Ware, welche auch nicht mehr im Lager vorrätig sind. Unnötige Nachbestellungen entfallen, weil diese Möglichkeiten im System sichtbar werden und den Handlungsbedarf für das Personal aufzeigen. Erst in der dritten Phase wird EAS, automatische Disposition und Checkout in vollem Umfang möglich.

Hinsichtlich Inventur vereinfacht RFID die Prozesse soweit, dass sogar eine kontinuierliche[85] Inventurkontrolle innerhalb weniger Minuten stattfinden kann. Eine hilfreiche Zusatzfunktion ist die Temperaturmessung und die MHD – Abfrage: z.B. ein intelligenter Joghurtbecher: überwacht Kühlkette und meldet, wann der Inhalt verdorben ist.

6.1.5. Zusammenfassung

Das weitgehend automatisierte Warenhandling reduziert den Fehlerfaktor Mensch und verbessert damit die Transportüberwachung, lässt die Produkte durch die Lieferkette effizienter und schneller bewegen und erleichtert die Rückverfolgung der Waren. Damit trägt die RFID – Technologie nicht nur dem gewaltigen Rationalisierungsdruck Rechnung, sondern umfasst zudem noch ein enormes Kostensenkungspotential. Diese Rationalisierungsgewinne sind entlang der ganzen Lieferkette möglich. Zusätzlich können die wachsenden Datenmengen mit weniger manuellem Aufwand bewältigt werden. Dadurch gestaltet sich eine bessere Organisation der Lieferkette mit weniger Schwund, mobileren und flexibleren Lesegeräten und mehr Prozesstransparenz. Die Unternehmen können intensiver miteinander kooperieren. Die Folge wäre eine Steigerung der internationalen Wettbewerbsfähigkeit, die v.a. für mittelständische Unternehmen vorteilhaft wäre. Nebenbei werden dadurch noch die Arbeitsplätze gesichert.

---

[85] auch permanente Inventur genannt

6.2. Am Point – of – Sale

Wie schon in der Logistik ist auch im Verkaufsraum eine steigende Komplexität der Prozesse erkennbar. Voraussetzung ist auch hier die Standardisierung der Technik. Dann kann der Warencheckout an der Kasse durch Self – Scanning - Kassen[86] und Automatisierung rationalisiert werden. Die Retourenabwicklung wird effizienter gestaltet, wie auch die bessere Verfügbarkeit der Artikel. Eine Reduzierung der Regalleerstände (Out – of – Stock Situationen) wäre die Folge. Die Effizienz des Warenflusses wird gesteigert:

- Kosteneinsparungen durch weniger Abschreibungen wegen Bruch und Verderb,
- schnellerer Umschlag durch angeregtes Kaufverhalten, denn Einkaufen wird sich von der lebensnotwendigen Last zum Erlebnis entwickeln und
- Preisfehlauszeichnungen fallen sogar gänzlich weg.

Im Absatz – Controlling lässt sich mühelos feststellen, in welchen zeitlichen Abständen die Waren verkauft werden. Das Kaufverhalten wird für die Märkte besser und schneller ersichtlich, so dass flexibler darauf reagiert werden kann.

Der Kunde kann besser vor Plagiaten, Produktfälschungen, Markenpiraterie und Graumarkt – Ware geschützt werden. Die Funketiketten können unauffällig in das Produkt oder die Verpackung integriert werden. Warensicherung durch EAS, Schutz vor Diebstahl, Quellensicherung und Produktsicherung sind mit RFID leicht umsetzbar. Chips sind fälschungssicher und können große Datenmengen speichern (u.a. Hersteller, Transportdaten und Produktinformationen).

---

[86] Im Abschnitt 6.3.1. Zukunftsszenario wird der Bezug zu weiteren RFID – abhängigen Komponenten gezogen.

6.3. Aus Sicht des Kunden

Die bereits beschriebene optimale Sortimentssteuerung lässt auch die Kundenanforderungen steigen. Eine hohe Kundenakzeptanz der Technologie, welche erst erarbeitet werden muss, begründet sich in dem Drang nach Bequemlichkeit der Kunden. Doch die mögliche Steigerung der Kundenzufriedenheit würde zusätzliche Kundenbindung und ein Umsatzplus nach sich ziehen. Dies wäre mit einer Kommunikation über die Verbesserung der Garantieinformationen, -gewährleistung und des Verbraucherservices möglich, denn insgesamt wird durch RFID der Service am Kunden ausgebaut und verbessert:

- mehr Zeit, Personal und Informationen für Beratungsleistungen,
- höhere Qualität durch besser Frische,
- stete Verfügbarkeit der Waren,
- günstigere Preise und
- der bereits erwähnte, verbesserte Schutz vor Plagiaten.

Dem Kunden kann eine Preisreduktion durch die Einsparungen in der vorangegangenen Supply Chain weitergegeben werden. Die Verluste der „Neuen Preiszeit"[87] könnten dadurch relativiert werden. Eine Studie des Beratungsunternehmens A.T. Kearney untermauert die Aussage, dass allein im deutschen Einzelhandel pro Jahr etwa 6 Milliarden Euro durch RFID eingespart werden können.

Zusätzlich kann man das Einkaufserlebnis mit RFID durch intelligente Regale steigern: über Bildschirm erhält der Kunde zusätzliche Informationen zur Ware (Herkunft, Herstellungsprozess, Zusammensetzung, Rezeptvorschläge, Recycling). Im Recyclingmanagement verspricht man sich eine steigende Effizienz der After – Sales – Services, welche aber durch die Deaktivierung der Etiketten nach Kauf und des damit verbundenen Datenschutzes noch keine Konkretisierung gefunden hat.

---

[87] preispolitische Marketingmaßnahme von real,- SB-Warenhaus GmbH

6.3.1. Zukunftsszenario[88]

Durch die Verbindung von RFID – Technik und WLAN[89] mit weiteren Technologien wird ein interessanten Einkaufsszenario für unsere Kunden vorstellbar, welches bereits im Future Store, in Rheinberg, praktiziert wird.

Auf Wunsch erhält jeder Kunde eine personalisierte Kundenkarte. Sie ist mit einem Magnetstreifen, einem RFID – Chip und einem Barcode ausgestattet. Damit ermöglicht sie die Chance zur Nutzung unterschiedlicher technischer Möglichkeiten, welche den Service während des Einkaufs individualisieren und damit verbessern.

Am Markteingang nimmt sich der Kunde seinen Einkaufswagen. Dieser ist mit einem PSA (Persönlicher Einkaufsberater, engl.: Personal Shopping Assistant) ausgestattet. Hierbei handelt es sich um einen Handheld – Computer, welcher am Einkaufswagen befestigt ist:

Einkaufswagen mit Einkaufscomputer[90]

Durch ihn wird der Konsument während seines gesamten Einkaufs begleitet und beraten. Die Bedienung des kleinen PCs erfolgt über den Touchscreen. Durch die Kundenkarte wird der Einkäufer namentlich auf dem Bildschirm willkommen geheißen. Die Produkte, über welche der Verbraucher informiert werden möchte, erkennt der PSA wahlweise über den Barcode –EAN – Scanner oder über

---

[88] Quelle: vgl. Metro – Handelslexikon, S. 132 ff.
[89] drahtlose, leistungsfähige Datenautobahn, welche alle stationären bzw. mobilen Einrichtungen mit dem zentra-len Server verbindet, Reichweite: etwa 100 Meter, Vorteil: aufwendige Verkabelungen und teure Funknetze entfallen
[90] Quelle: www.innovations-report.de vom 22.05.05

das RFID – Lesegerät. Darüber werden anschließend die im Warenwirtschaftssystem hinterlegten Daten abgerufen und für den Kunden auf dem Bildschirm ersichtlich. Neben der Abfrage von Produktinformationen und Preisen umfasst der PSA noch weitere Serviceleistungen:

- Abfrage- und Suchfunktion des Standortes aller gewünschten Produkte im Markt
- Anzeige von Sonderaktionen (Verkostungen), -angeboten, Cross – Selling – Produkte (Verbundkäufe, z.B. „zu diesem Käse passt jener Wein optimal" oder „zu diesem Oberteil wird in diesem Sommer jene 7/8tel Hose getragen")
- ständiger Überblick über den gesamten Einkaufswert
- Kombination mit vorhandenen Daten aus früheren Einkäufen (Einkaufszettel, persönliche Vorlieben)
- optimale Wegberechnung und Steuerung durch den Supermarkt (Vermeidung von Suchzeiten)
- Anzeige der Preisersparnis aller im Wagen befindlichen reduzierten Artikel
- Produktempfehlungen (wichtig bei Lebensmittelallergien, da Inhaltsstoffe abgefragt werden können)

Die Regale sind mit elektronischen Preisschildern versehen. So entfällt nicht nur die aufwendige Werbepreisausschilderung für die Mitarbeiter, sondern auch alle anderen Preisveränderungen, welche im Warenwirtschaftssystem hinterlegt sind, werden automatisch erfasst:

Parallel werden diese Daten ins Kassensystem gespeist, sodass es keine Unterschiede mehr zwischen Regal- und Kassenpreis gibt. Der Kunde kann sich auf die Auszeichnungen hundertprozentig verlassen. So verlässt er die Einkaufsstätte zufrieden und zur Kundenbindung wird ein enormer Anteil beigetragen. Darüber hinaus erkennen die elektronischen Regaletiketten über die RFID – Chips die im Regalfach befindliche Ware und können sich auf sie umstellen. Wenn das Fach nun durch Abverkauf leer wird, wird eine Information darüber an das Computersystem gesendet. Der Mitarbeiter reagiert entsprechend und kann die bestimmte Ware dem Lager entnehmen, um das Regal wieder aufzufüllen. Wenn die Ware im Lager knapp wird bzw. ein Meldebestand erreicht wird, erfolgt eine automatische Disposition. Unter der Voraussetzung der absoluten Liefertreue seitens der Lieferanten sind die Produkte für den Kunden immer vorrätig und im Verkaufsraum verfügbar. Er findet keine Regallücken vor und bekommt sortimentsabhängig alle gewünschten Waren.

Den Kauf von frischem Obst und Gemüse vereinfachen intelligente Waagen.

Sie erkennen durch eine Spezialkamera das Produkt eigenständig und drucken das Klebeetikett mit Preis wie gehabt aus. Zukünftig wird der RFID – Chip für den vereinfachten Warenausgang noch integriert.

Im Verkaufsraum mit hohem Kundenaufkommen sind Info – Terminals aufgestellt, die den Einkauf zum Erlebnis mit Mehrwert gestalten:

Info – Terminal in der Umkleidekabine[91]

Der interessierte Kunde kann hier Hinweise und ausführliche Informationen beispielsweise über Wein, Fleisch oder Käse erhalten, aber auch über Musik, Filme und Künstler. Wahlweise können auch Musiktitel oder Filme auszugsweise angehört bzw. angesehen werden. Die Bedienung erfolgt auch hier über Touchscreens. Ebenfalls Informationsfunktion haben die elektronischen Werbedisplays, welche aktuell und schnell über Produkte und Sonderangebote mit Standbildern und Videoanimationen berichten.

---

[91] Quelle: www.innovations-report.de vom 22.05.05

Der Kunde schiebt zum Schluss seinen vollgefüllten Einkaufswagen durch eine Schranke mit Lesegerät. Prompt sind die Waren erfasst und die Rechnung wird automatisch vom Konto abgebucht. Zur Zeit können aber noch über den Barcode auch die Selbstzahlerkassen genutzt werden, bei denen der Aufwand seitens der Kunden höher ist, da er selbst zum Kassierer wird. Er zieht die Artikel selbstständig über einen Scanner, der die Preise erfasst. Danach legt der Konsument die Ware in eine dafür vorgesehene Tüte, welche über eine Wäge – Vorrichtung kontrolliert wird. Am Ende wird die Gesamtsumme errechnet und die Bezahlung kann wahlweise bar, mit EC- oder Kreditkarte erfolgen.

7. Probleme der RFID – Technologie

Auch die nachteiligen Probleme umfassen mehrere Aspekte der RFID – Technologie. Da im voran gegangenen Kapitel 4. RFID – Nutzung in Vereinbarkeit mit dem Datenschutz die Vereinbarkeit der Technologie bereits belegt wurde, werden die Risiken, welche sich daraus ergeben, unberücksichtigt gelassen.

Darüber hinaus lassen sich in erster Linie Risiken aus dem Aufbau der Technik ableiten: die Luftschnittstelle ist dabei besonders für externe Manipulation in Form von Deaktivierung, Blockierung und Störung der übertragenen Daten anfällig. Störende Einflüsse auf den Frequenzbereich kann man durch ein integriertes Frequenzsprungverfahren vermeiden. Die Frequenz wird bei äußeren Beeinflussungen einfach gewechselt. Jedoch ist die Bedrohung durch solche Angriffe auf RFID – Systeme gering. Bei der Massenanwendung von dieser Technologie wird auch das Bedrohungspotential zunehmen, da sich sowohl die Anreize als auch die Gelegenheiten dafür vervielfachen. Allerdings werden damit auch die Stückkosten für diese Sicherheitsmaßnahmen mit der vermehrten Anwendung sinken. Sicherheitsmaßnahmen sind Killbefehle, abhörsichere Antikollisionsprotokolle, starke kryptographische Verfahren, Verfahren mit wechselnden IDs oder faire Informationspraxis:

- Killbefehl: Da er sich auch für Unbefugte einfach realisieren lässt, muss er wiederum mit einem Passwort geschützt werden.
- abhörsichere Antikollisionsprotokolle: Sie verhindern speziell das Abhören der ID – Nummern aus der Distanz. Dabei wird die Tatsache ausgenutzt, dass das Lesegerät ein stärkeres Signal sendet als der Tag.
- kryptographisches Verfahren: Da die Identität des Tags durch Dritte nicht erkennbar ist, handelt es sich hierbei um ein ausreichendes, wenn auch aufwendiges Verfahren und steigert die Sicherheit gegen unautorisierte Zugriffe. Die Kosten pro Chip können noch nicht ermittelt werden, da die Forschung diesbezüglich noch nicht abgeschlossen ist.
- Verfahren mit wechselnden IDs: Dies lässt sich bereits mit geringem finanziellen Aufwand in Höhe von 0,5 Cent je Tag umset-

zen. Die Identität des Transponders kann durch Dritte nicht mehr festgestellt werden. Dies ist die einfachere Variante zum starken kryptographischen Verfahren.

- faire Informationspraxis: Die Grundsätze Zweckbestimmung, Transparenz, limitierte Nutzung und Zweckbestimmung müssen in die RFID – Protokolle integriert werden. Das Anfragen des Lesegerätes bleibt nun nicht länger anonym, sondern sendet die eindeutige Kennung und deklariert den Auslesezweck durch einen Code. Ein zusätzliches Anzeigegerät deckt die Missbräuche konkret auf. Auch Tags können so programmiert werden, dass sie lediglich bei erwünschter Zweckdeklaration antworten.

Dennoch bleibt jede Zerstörungsmöglichkeit gleichzeitig ein Einfallstor für Vandalismus. Dies kann in RFID – Terrorismus ausarten, wenn innerhalb kürzester Zeit unzählige Daten gelöscht werden können.

Neben dem Sicherheitsbereich herrschen auch noch Probleme im technischen Bereich. So sind Leseentfernungen von mindestens zwei Metern im Warenein- und -ausgang in einem Warenhaus Voraussetzung. Die Antennen, wie sie momentan angebracht sind, schaffen lediglich 1,30 Meter. Dies ist zu wenig, um entsprechend der Bauvorschriften für Warenhäuser die Leseschleusen zu installieren.

Auch die fehlenden einheitlichen Standards der Frequenzbereiche bereiten dem Handel noch Probleme. Letztendlich sind sie die entscheidende Grundlage für den Erfolg der RFID – Technologie auf breiter Ebene. Dies wurde schon im Kapitel 3.1. Entwicklung der RFID – Technologie beschrieben. Das internationale Konsortium EPCglobal Inc. hat sich dieser Herausforderung angenommen und bereits nennenswerte Ergebnisse erzielt[92]. Die Standards bei den firmenübergreifenden Datenstrukturen bleiben dabei noch unberücksichtigt.

---

[92] Siehe S. 14

Die Funktionalität der Etiketten ist noch von Metallen und Flüssigkeiten eingeschränkt, da sie die Funkwellen abblocken und wie ein ungewollter Datenschutzzaun wirken. Dosen, Flaschen, wasserhaltige Melonen und übereinander liegende Transponder behindern noch stark die 100% Lesequote bei der Pulkerkennung. Der Handlungsbedarf ist jedoch schon länger bekannt, so dass an dieser Problematik geforscht wird. Dies verändert die Anforderungen an die Verpackung. Die Verpackungsmittelhersteller müssen nun Mindestabstände der Funk – Tags zu den flüssigen Waren und Metallen einkalkulieren. Dem ungeachtet sind Wirtschaftlichkeitsrechnungen seitens Hersteller und Handel positiv ausgefallen.

Das gesundheitliche Risiko für Mitarbeiter der beteiligten Unternehmen sowie der Kundschaft ausgehend von der elektromagnetischen Strahlung ist zwar in den Medien schon präsent, dennoch sind keine umfassenden Untersuchungen angelaufen. Eine Langzeitstudie wird wohl erst mit dem tatsächlichen Rollout begonnen werden können.

Ein weiteres Hindernis stellen die Kosten dar. Wie im Bild 10 deutlich wurde, liegt der Stückpreis für einen Transponder noch deutlich über einem Cent. Die Tatsache, dass der Tag noch teurer als ein Joghurtbecher ist, auf dem er angebracht werden soll, macht die Anwendung auf Artikelebene noch nicht lukrativ. Der ROI, Return on Investment, ist jedoch bei einem wiederbeschreibbaren 10 Cent teuren Chip nach etwa 15 Umläufen erreicht. Dies entspricht zirka 2 Jahren. Wünschenswert bleibt dennoch eine signifikante und damit dauerhafte Senkung der Erwerbskosten. Der Beginn kann mit dem Start des METRO Rollouts der RFID – Technologie auf Niveau von Handelseinheiten erwartet werden. Wie sich letztendlich die Unkostenverteilung zwischen Handel und Lieferanten gestalten wird, ist aber auch weiterhin unklar.

Auch der Aspekt Kunden darf in dieser Betrachtung nicht fehlen: die flächendeckende RFID – Nutzung hängt grundlegend von der Überzeugung der Endverbraucher ab. Dabei bleibt die Konsumentenprivatsphäre das wichtigste Thema. Die Überzeugungsarbeit diesbezüglich läuft bereits auf Hochtouren[93]. Besondere Kom-

---

[93] vgl. S. 24

munikation fordert dabei die Art der Umsetzung und die Einhaltung des Datenschutzes, um die Verbraucherakzeptanz zu stärken. Auch der Aspekt der künstlichen Einschränkung von Kompatibilität und Lebensdauer lässt durch RFID einen Nachteil zu: Geräte akzeptieren nur noch Austauschteile, wenn ein Autorisierungsschlüssel auf dem entsprechenden Tag gespeichert ist. Damit werden preisgünstige Alternativen, z.B. für Rasierapparate, Drucker, Fotoapparate und Automobile, für den Kunden vom Ersatzteilmarkt gedrängt. Der Kunde reagiert mit Umsatzzurückhaltung. Zusätzlich wird er Schreib – Lesegeräte erwerben müssen, um die Daten auf den Chips deaktivieren zu können.

Bekannt sind alle Probleme. Zum Großteil der genannten Risiken existieren bereits Lösungen bzw. Lösungsansätze. Die verbleibenden Fragen können erst mit dem Verlauf der Einführung der RFID – Technologie angegangen und gelöst werden.

8. Prognosen

Neben Technologie und Standardisierung gehören auch die Markt- und Preisentwicklung, Datenschutz und Informationssicherheit sowie die gesellschaftliche Akzeptanz zu den Perspektiven der RFID – Technologie. Dies vorrausgesetzt wird die zukünftige Entwicklung der fortschrittlichen Technik dargestellt.

Da Ende 2004 die Nutzung der Etiketten auf Artikelebene eingeführt wurde, ist davon auszugehen, dass bereits 2007 die Umsätze hinsichtlich RFID – Hard-, Software und Services innerhalb der europäischen Grenzen bei fünf Milliarden Euro liegen werden, so Schätzungen. Schon 2005 wurden alleine 1,8 Milliarden Tags verkauft. Einschließlich den Systemen und Dienstleistungen entspricht das einem Umsatz von 1,94 Milliarden USD. Die Anzahl der Projekte wächst bereits jetzt immens, nicht nur im Bereich Handel, sondern auch bei Transport, Pharmazeutika oder Viehzucht. Das eigentliche Potential dieser Technologie wird voraussichtlich erst in zehn Jahren erschöpft sein. Das prognostizierte Volumen 2015 umfasst 26,9 Milliarden USD.

Lediglich für das Paletten – Tagging verbraucht 2005 0,4 Milliarden Etiketten. In fünf Jahren werden schon 30 Milliarden Stück umgesetzt. Dieser rasante Anstieg ebbt danach ab und steigt nochmals bis 2015 um weitere 5 Milliarden Tags. Diese Prognosen werden allein für den Handel getroffen. Andere Branchen hinzugenommen werden allein 2015 eine Billion Etiketten benötigt.

Aus meiner Sicht, bedeuten diese Erkenntnisse langfristig speziell für die real,- SB-Warenhäuser:

- die Abschreibungskosten sinken insgesamt um mindestens die Hälfte,
- einen Schwund- und Verderbsrückgang von bis zu 50 %,
- Diebstahlrückgang von 90 %,
- Reduzierung des Out – of – Stocks um etwa 15 bis 20 %,
- Herabsetzung der Wareneingangskosten um 80 %

- sowie der Personalkosten innerhalb eines Marktes bis zu 30 %,
- allein die Personalkosten für das Lagermanagement von über 75 % und
- langfristige Umsatzsteigerung von etwa 10 bis 15 %.

In der Warenannahme sind durchschnittlich 4 Angestellte von 6 bis 14 Uhr anwesend (zwei Personen auf der Rampe, 2 im Büro). Durch die Prozessautomatisierung und die Artikelerkennung entfällt die Notwendigkeit von 3 Mitarbeitern. Die Wareneingangskosten werden so hauptsächlich durch den o.g. Personalabbau begründet. Dennoch wird durch die RFID – Technologie zusätzlich Zeit gespart, dass dort lediglich eine Teilzeitstelle eingesetzt werden muss. Hinzu kommt der Aspekt, dass beim Waren – Checkout die Kassiererin entfällt. Eine Reduzierung der Personalkosten des gesamten Marktpersonals bis zu realistischen 30 % ist denkbar, da nicht wertschöpfende Tätigkeiten, wie beispielsweise manuelle Erfassungen im Wareneingang und beim Kassiervorgang durch automatische Kommissioniersysteme und der RFID – Technik überflüssig werden.

Es ergibt sich dadurch die Möglichkeit, die Mitarbeiter für erweiterte Beratungs- und Servicedienstleistungen für den Kunden zu erhalten, um sich somit von der Konkurrenz abzusetzen und profilieren zu können. Die Einsparungspotentiale können zu einem Großteil weitergegeben werden. Die Konsumenten werden interessierter und zufriedener sein. Die Stammkundschaft wird sich ausbauen. Jedoch wird die Umstellung der gesamten Supply Chain mehrere Jahre in Anspruch nehmen. Dadurch kann erst langfristig ein Umsatzplus von 10 bis 15 % zu erzielen werden.

Weitere Kosteneinsparungspotentiale im gesamten Markt sind die Abschreibungen durch Schwund, Verderb und Diebstahl. Der nachgewiesene Einfluss der Technologie auf die elektronische Artikelsicherung, auf die Warenverfügbarkeit und auf die MHD – Kontrolle bringt die o.g. Kostenreduzierungen. Der enorme Papieraufwand im Markt durch die Preisschilder in verschiedenen Größen (A0 bis A7) kann durch RFID und elektronischen Preisschildern reduziert werden. Der verbleibende Aufwand durch die Kommunikation zwischen Geschäftsleiter und Mitarbeiter, Kopieraufwand und

Ausdruck von eingegangenen e-mails könnte beispielsweise von einem SAT optimiert werden.

Der häufigste Grund von Out – of – Stock – Situationen sind Listungsdifferenzen. Das heißt, dass die Liefermengen von den Bestellmengen abweichen, unabhängig davon ob zu wenig oder zuviel geliefert wird. Der Datenabgleich zwischen Händler und Lieferant kann durch die RFID – Technologie optimiert werden. Ebenfalls ist die Regallücke sofort für den Mitarbeiter ersichtlich, der umgehend darauf reagieren kann, denn für den Abverkauf sind diese letzten Meter in der Lieferkette entscheidend. Damit reduzieren sich auch die Out – of –Stocks anfangs um mindestens 15 %.

Nebenbei kann der Marktanteil ausgebaut oder zumindest kurzfristig gesichert werden. Insgesamt können die Kosten sogar mehr als halbiert werden (-57 %), die Bearbeitungsgeschwindigkeiten durch automatische Kommissioniersysteme und der RFID - Technik werden gesteigert. Die Einsparungen können an den Kunden weitergegeben oder wieder reinvestiert werden: z.B. zur Finanzierung der Innovationen, Modernisierung des Betriebes, für steigende Personalkosten oder für Beteiligungen an anderen Unternehmen und damit zur Arbeitsplatzsicherung.

RFID etabliert sich aufgrund dessen und bereits genannter Vorteile im Kapitel 6. Vorteile der RFID – Technologie immer mehr zum entscheidenden Wettbewerbsfaktor in der Handelsbranche. Die flächendeckende Verbreitung der RFID - Technologie wird in zirka fünf Jahren abgeschlossen sein. Davon hängt eine Amortisation stark ab. Der ROI[94] soll in vier bis sechs Jahren erreicht sein.

---

[94] Return on Investment (Dauer der Amortisation - Wertrückfluss)

9. Zusammenfassung

"(Am Anfang) ... scheint RFID oft wie eine Zauberformel, um die immer komplexer werdenden logistischen Strukturen in einer global vernetzten Welt zu beherrschen", sagt der Fraunhofer – Chef Michael ten Hompel.[95] Doch die Untersuchung hat gezeigt, dass es sich hier um eine reale Sache handelt, die vieles vereinfacht und durch die hohe Speicherkapazität enorm viel leistet. Erst die Verbindung mit weiteren Komponenten, z.B. die Self – Scanning Kassen, elektronische Preisschilder oder das Wareneingangstor zur automatischen Artikelerkennung, ermöglicht, wie im Kapitel 8. Prognosen begründet, hohe Einsparpotentiale, vor allem für den Lebensmitteleinzelhandel.

Die Umsetzung dieser und weiterer Verbesserungen[96] begann bereits mit dem 01.11.2004, an welchem die METRO Group nach mehreren Testphasen ihren Rollout in den Tochterfirmen startete. Vorstandsmitglied Mierdorf bezeichnete an diesem Tag die neue Technik sogar als „Quantensprung in der Technologieentwicklung". Unumstritten ist, dass die RFID – Transponder den Barcode ablösen werden, denn dieser Prozess hat bereits begonnen. Der zeitliche Rahmen wird noch auf 10 Jahre geschätzt, Tendenz sinkend.

---

[95] Quelle: Handelsblatt vom 02.05.2005, Nr. 84, S. 21
[96] vgl. Kapitel 6. Vorteile der RFID – Technologie und 8. Prognosen

I Literaturverzeichnis

Printmedien

	Bundesministerium für Sicherheit in der Informationstechnik (Hrsg.): „Risiken und Chancen des Einsatzes von RFID – Systemen", Bonn 2004
/6/	**DUDEN**: „Das Fremdwörterbuch", S. 765, Band 5, Duden Verlag, 1997
/10/11/19/20/	**Finkenzeller, Klaus**: „RFID – Handbuch: Grundlagen und praktische Anwendungen induktiver Funkanlagen, Transponder und kontaktloser Chipkarten", 2. aktualisierte und erweiterte Auflage, Hauser Verlag, München, Wien, 2000
	IBM, Intel, METRO Group, SAP (Hrsg.): „Leitlinien für den RFID – Roll – out der METRO Group", Version 3.0, Okt. 2004
/88/	**METRO Group**: „METRO – Handelslexikon, S. 132 ff, 2004

Präsentationen (Power Point)

	Autor, Jürgen: „7. VDEB – Infotag", Abt. Verfassung, Kommunal- u. Sparkassenwesen, Recht, Stuttgart, 07.10.2004
	IBM Corporation: „Auto – ID Business Case, Initiative für P&G und Metro, Abschlussdokumentation für Metro", Düsseldorf, 12.01.2004
	Jansen, Prof. Dr. Ing. R., Schmidt, Dipl. – Kfm. Jörg und Schneider, Dipl. – Kfm. Jochen : „Diskussion und Realität von RFID unter Datenschutz – Aspekten", Universität Dortmund, Febr. 2005
	Pape, Michael: „RFID – MO – Tagung", Bad Lauterberg, 30.11.2004
/50/67/	**Pape, Michael (Bezugsquelle)**: „Erfolgreicher RFID – Fachkongress für die Partner der METRO Group", Dez. 2004
/7/46/	**Philips Semiconductors**: „BL Identification/ MST T&L, MLu", 07.09.2004
	Ruprecht, Harald: „Physical Influences and Practical Aspects", X-ident Technology GmbH, 16.12.2004

/54/ Spickermann, Sarah und Zickow, Holger: „Technische Analysen RFID - bezogener Angstszenarien", Version 1.0, Institut für Wirtschaftsinformatik, Humboldt – Universität zu Berlin, Nov. 2004

Wölk, Michaela: „RFID – Anwendungen heute und morgen", Institut für Zukunftsstudien und Technologiebewertung, Museum für Kommunikation, Berlin, 17.11.2004

Internet

	www.comtec.de vom 10.05.2005
	www.epcglobalinc.org vom 10.05.2005
	www.finanznachrichten.de vom 22.05.2005
/15/29/	www.future-store.org vom 12.05.2005
/27/	www.future-store.org vom 22.05.2005
	www.gi-ev.de vom 10.05.2005
/14/29/	www.innovations-report.de vom 12.05.2005
/22/24/90/91/ 92/93/94/	www.innovations-report.de vom 22.05.2005
/33/	www.objektspektrum.de vom 10.05.2005
	www.reise.de/newsticker/meldungen/51545 vom 12.05.2005
/16/	www.sina-eetezadi.de vom 30.05.2005
/53/	www.vnunet.de/netzwerk/article vom 22.05.2005
	www.wikipedia.de vom 10.05.2005

Zeitschriften

real,- SB-Warenhaus GmbH (Hrsg.): „Real,- Report", Ausgabe 06/2004, S. 13

„Spiegel": Nr. 46, 2004, S. 190 - 194

Zeitungen

"**Die Welt**": 09.12.04, S. 16

/30/98/ "**Handelsblatt**": Nr. 46, 23.08.04, S. 16; Nr. 84, 02.05.05, S. 21; Nr. 85, 03.05.05, S. 15

"**Handelsjournal**": Nr. 9, Sept/04, S. 17

"**Lebensmittel Praxis**": Nr. 14/15, Aug. 2004, S. 10

/42/44/49/ "**Lebensmittel Zeitung**": 21.05.04, S. 7, 8, 12; 28.05.04, S. 5 ff; 30.05.05, S. 17 f; 11.06.04, S. 10 fff; 18.06.04, S. 9 fff, 24; 25.06.04, S. 7, 10, 15 ff; 09.07.04, S. 1, 7, 13, 15; 23.07.04, S.5; 13.08.04, S. 9 ff; 24.08.04, S. 10f, 22 ff; 03.09.04, S. 13, 17f; 10.09.04, S. 5, 10, 15, 18; 16.09.04, S. 7 fff; 01.10.04, S. 9, 10, 22 f; 08.10.04, S. 9, 13, 16 ff; 15.10.04, S. 12 fff; 22.10.04, S. 3, 7, 12, 14; 29.10.04, S. 15 ff; 05.11.04, S. 7, 12 f; 23.11.04, S. 9 fff; 03.12.04, S. 9, 14, 17, 22; 07.12.04, S. 11 fff; 09.12.05, S. 19 f; 30.12.04, S. 13, 15 f; 07.01.05, S. 7, 9, 15 ff; 21.01.05, S. 1, 13 ff; 28.01.05, S. 19 fff; 11.02.05, S. 9, 15, 22 f

"**Rheinische Post**": 19.10.04, S. 2

"**Stuttgarter Nachrichten**": 29.07.04, S. 11

"**VDI – Nachrichten**": 06.08.04, S. 15

Fax

/4/ Zentrale für Coorganisation – Gesellschaft zur Rationalisierung des Informationsaustausches zwischen Handel und Industrie mbH (CCG) vom 14.04.2004